Материалы международной научно-практической конференции

Наука в современном информационном обществе

3-4 апреля 2013 г.

Москва

УДК 4+37+51+53+54+55+57+91+61+159.9+316+62+101+330

ББК 72

ISBN: 978-1484194447

В сборнике представлены материалы докладов международной научно-практической конференции "Наука в современном информационном обществе"

Все статьи представлены в авторской редакции.

Содержание

Биологические науки

Географические науки

Геолого-минералогические науки

Исторические науки

Культурология

Содержание

Медицинские науки

Содержание

Педагогические науки

Политические науки

Психологические науки

Социологические науки

Содержание

Содержание

Филологические науки

Химические науки

Экономические науки

Содержание

Юридические науки

Панфилов В.И.
профессор, доктор технических наук, РХТУ им. Д.И. Менделеева
Градова Н.Б.
профессор, доктор биологических наук, РХТУ им. Д.И. Менделеева
Шакир И.В.
доцент, кандидат технических наук, РХТУ им. Д.И. Менделеева

НАУЧНО-ТЕХНОЛОГИЧЕСКИЕ ОСНОВЫ КОМПЛЕКСНОЙ ПЕРЕРАБОТКИ ВОЗОБНОВЛЯЕМЫХ ЛИГНОЦЕЛЛЮЛОЗОСОДЕРЖАЩИХ ОТХОДОВ АПК И ПИЩЕВОЙ ПРОМЫШЛЕННОСТИ ДЛЯ ПОЛУЧЕНИЯ БИОЛООГИЧЕСКИ АКТИВНЫХ ВЕЩЕСТВ И БЕЛКОВО-УГЛЕВОДНЫХ КОРМОВЫХ ДОБАВОК

Одним из приоритетных направлений развития биотехнологии является разработка способов повышения эффективности использования природных ресурсов и снижения загрязнения окружающей среды на основе использования потенциала микроорганизмов, обеспечивающего их деятельность, как редуцирующего звена в трофической цепи, минерализацию природных биополимеров.

Международными организациями ФАО и ВОЗ важнейшими проблемами в области обеспечения рационального питания человека определены снижение дефицита белка и коррекция дефицита микронутриентов в пище и в кормах. Россия, Германия, США (фирма Амоко Фудст, Стандарт Ойл), Англия (фирма АЙСиАЙ) и ряд других стран имеют большой опыт по производству микробной биомассы на разных видах сырья (отходы лесной и деревообрабатывающей промышленности, отходы растениеводства, углеводородное сырьё, этанол, метанол, природный газ и др.). Широкие медико-биологические, санитарно-гигиенические исследования и длительный опыт использования микробной биомассы показали безвредность и биологическую ценность её использования в качестве белково-углеводных и витаминных кормовых добавок.

Эти положения определяют актуальность разработки и возможность **быстрой коммерциализации** биотехнологических процессов получения белковых кормовых добавок при использовании возобновляемого сырья, лигноцеллюлозосодержащих отходов АПК и пищевой промышленности.

Целью данных исследований являлась разработка научно-технологических основ комплексной переработки целлюлозосодержащего сырья на основе биокаталитических конверсионных процессов для получения биологически-активных веществ (БАВ) и белково-углеводных кормовых добавок.

В качестве сырья использовали пивную дробину (отход пивоваренного производства) [2,3], свекловичный жом (отход сахарного производства), корнеплоды сахарной и кормовой свеклы [6], клубни картофеля [5], клубни и жом топинамбура [4,8], гребни винограда (отходы виноделия) [10], жом и стебли стевии [1], некондиционное зерно, кофейный шлам (отходы производства растворимого кофе) [9] и др.

Для сравнительной оценки разрабатываемых способов использовали такие показатели как качество и биологическая ценность получаемых продуктов, прирост белка на единицу используемого субстрата.

Показано, что техно-экономические показатели процессов зависят от химического состава сырья, соотношения содержания лигнина и целлюлозы, содержания биологически активных веществ, имеющих самостоятельное функциональное значение.

На основании анализа полученных результатов были разработаны **методология и алгоритм** технологии биоконверсии целлюлозосодержащего сырья для получения БАВ и белково-углеводных многофункциональных кормовых добавок.

На первой стадии разрабатывается технология подготовки сырья, варианты его измельчения, что повышает его доступность гидролитическим системам. Показано, что измельчение субстратов до размера частиц 0.5- 2.0 мм обеспечивает на последующей стадии выделение биологически активных веществ и эффективный химический гидролиз полисахаридов и частично лигнина всех исследованных субстратов и ферментативный гидролиз субстратов с низким содержанием лигнина, таких как зерновая дробина.

Вторая стадия предусматривает выделение БАВ из целевого растительного сырья. Технология этой стадии определяется свойствами БАВ, например, водно-спиртовая экстракция дитерпеновых гликозидов (стевиозида). На примере выделения инулина и олигофруктанов из топинамбура показана перспективность использования экстракции ультразвуком БАВ из растительного сырья.

На третьей стадии разрабатывается технология гидролитического расщепления лигноцеллюлозных компонентов сырья. Были исследованы разные способы биоконверсии субстратов: прямая биоконверсия (твёрдофазное культивирование или одностадийное глубинное культивирование микроорганизмов Trichoderma viride и Bacillus cereus, обладающих целлюлолитической активностью); непрямая биоконверсия (ферментативный гидролиз при использовании ферментных препаратов или культуральной жидкости гриба Trichoderma viride, содержащей целлюлолитические ферменты). При исследовании эффективности промышленных ферментных препаратов целловиридина , целлоконингина, пектофоетидина и протосубтилина была показана большая ферментативная активность комплекса ферментов по сравнению с отдельными. Достигалось соответственно 14% и 19% редуцирующих веществ в гидролизатах отходов производства стевиозида при концентрации фермента целловиридина Г20х от 0.1до 1.0 %. Лучшие результаты были достигнуты при использовании специально созданных мультиэнзимных композиций, содержащих целлюлолитические и протеолитические ферменты.

Важнейшей технологической стадией, обеспечивающей получение биологически активных белково-углеводных кормовых добавок, является четвёртая стадия - культивирование микроорганизмов на гидролизатах сырья для обогащения его белком. Исследовали процессы глубинного одностадийного культивирования дрожжей на сахарах, продуктах гидролиза лигноцеллюлозного комплекса. Разработан энергосберегающий и малоотходный процесс промышленного получения белково-углеводных продуктов путем глубинного гетерофазного культивирования микроорганизмов, включающий фильтрование дрожжевых суспензий, а также рециркуляцию получаемого фильтрата [7]. Это наиболее технологичный и экономичный способ для получения БАД, поскольку позволяет получить продукт, содержащий микробную биомассу, растущую на продуктах гидролиза, и фракции непрогидролизованного сырья. Известно, что содержание в кормах до 10% целлюлозы повышает биологическую ценность кормов.

Были получены продукты следующего качества:

- при аэробном гетерофазном культивировании дрожжей на ферментативных гидролизатах пивной дробины, полученных при использовании мультиэнзимных композиций (РВ 40 г/л) и последующем культивировании молочнокислых бактерий содержание сырого протеина в готовом продукте - 33%, сырой клетчатки - 10%, молочной кислоты 132,5 г/куб. дм, титруемая кислотность $T^0 200$. При поверхностном культивировании Trichoderma viride и Bacillus cereus на средах с пивной дробиной был получен продукт следующего состава – сырой протеин 33 и 30% соответственно, сырая клетчатка 13% и 8% , титр молочнокислых бактерий $10^6 – 10^8$ КОЕ/ г, титруемая кислотность $T^0 150$.

- при культивировании на ферментативных гидролизатах отхода получения стевиозида (содержание РВ 26 г/л) получен продукт с содержанием сырого протеина 29%, сырой клетчатки 15%, титруемая кислотность $T^0 150$, титр молочнокислых бактерий 10^7 КОЕ/ г;

- при использовании кофейного шлама – продукт содержит не менее 37,8% истинного белка, сырой клетчатки – не более 8%, золы не более 3%.

На основании исследований закономерностей включения селена и йода в клетки дрожжей разработаны режимы культивирования, обеспечивающие их включение в органические компоненты дрожжевых клеток, что повышает биологическую ценность получаемого продукта при его использовании, особенно в эндемических геохимических зонах и с повышенным уровнем радиоактивных загрязнений. Разработаны научные и технологические основы биоконверсии целлюлозосодержащих субстратов, позволяющие в одном аппарате осуществлять стадию ферментативного гидролиза, гетерофазное культивирование дрожжей в аэробных условиях, автолиз дрожжевой биомассы и последующее культивирование в микроаэрофильных условиях молочнокислых бактерий, что обеспечивает получение белково-углеводных кормовых добавок, обладающих пробиотическими свойствами.

Наибольшие показатели по приросту белка на единицу используемого субстрата получены при технологии, основанной на гетерофазном культивировании дрожжей на ферментативных гидролизатах растительного сырья, содержащего лигнина и клетчатки в соотношении не менее 1:2.

Наиболее низкие показатели по критерию удельных затрат на производство продукта получены при твёрдофазной ферментации. Наиболее эффективными при расчёте отношения удельных и капитальных затрат на единицу прироста белка являются способы твёрдофазного и гетерофазного культивирования.

Предлагаемые технологии могут быть реализованы на модульных установках производительностью от 2 до 10 тыс. т в год по кормовому продукту, размещаемых как на крупных промышленных предприятиях, так и непосредственно в месте накопления растительного сырья или отходов его переработки. Технико-экономическая оценка показала высокую рентабельность комплексных биотехнологических установок, имеющих срок окупаемости от 2,5 до 3,5 лет.

Литература

1. Цугкиева У.Б., Скаблов Н.С., Градова Н.Б. Обогащение иодом и селеном белково-углеводной кормовой добавки на основе отходов производства стевиозида//Биотехнология.-2007.-№2.-с.45-51

2. Касаткина А.Н., Удалова Э.В., Градова Н.Б. Использование мультиэнзимных композиций для деструкции пивной дробины //Биотехнология.-2008.-№2.-с.59-64

3. Касаткина А.Н., Градова Н.Б., Лещина Е.К.Патент РФ № 2391857, 2010 г.

4. Шакир И.В., Панфилов В.И., Манаков М.Н. Получение полифруктозана инулина при комплексной переработке топинамбура // Всес.конф. «Химия и технология лекарственных веществ».-С-Петербург.-1994.-с.37.

5. Кулиненков Д.О., Манцурова И.В., Шакир И.В., Панфилов В.И.,Манаков М.Н. Получение углеводно-белкового кормового продукта на гидролизатах картофеля//Биотехнология.-1997.-№5.-С.22-27.

6.	Панфилов В.И. Гидролиз углеводсодержащего растительного сырья для получения сахаросодержащих суспензий//Химическая промышленность сегодня.-2004.-№1.-С.38-42.

7.	Панфилов В.И., Шакир И.В. Фильтрование дрожжевых суспензий//Химическая промышленность сегодня.-2004.-№6.-С.28-32.

8.	Б.А. Кареткин, Н.Г.Лойко, И.В. Шакир, В.И. Панфилов, Г.И. Эль-Регистан. Переработка клубней топинамбура с получением фруктанов и пробиотического продукта для животных.//Биотехнология: реальность и перспективы в сельском хозяйстве: Материалы Международной научно-практической конференции.- Саратов: Изд-во «КУБиК»,2013.-С.229-230.

9.	Е.В. Башашкина, И.В. Шакир, Н.А. Суясов, В.И. Панфилов. Биоконверсия отходов производства растворимого кофе в продукты кормового назначения//Экология и промышленность России.-2010.-№1.-с. 18-19.

10.	Касим-заде И., Зобнина В.П., Градова Н.Б. Исследование биоконверсии гребней винограда.//Труды Всес. Симпозиума «Биоконверсия растительного сырья»,-Рига.-1982.-Т.2-с.193-194.

Градова Н.Б.
д.б.н., профессор, РХТУ имени Д.И.Менделеева
Бабусенко Е.С.
к.б.н., доцент, РХТУ имени Д.И.Менделеева
Шакир И.В.
к.т.н., доцент, РХТУ имени Д.И.Менделеева

К ВОПРОСУ О БИОРЕМЕДИАЦИИ НЕФТЕЗАГРЯЗНЕННЫХ ПОЧВ

Интенсивное развитие нефтегазовой отрасли сопровождается значительным загрязнением природных экосистем в процессе добычи, транспортировки и переработки сырья. Несмотря на то, что нефть и ее компоненты подвергаются естественному разложению, процесс самовосстановления загрязненных территорий происходит крайне медленно и длится не одно десятилетие. Активность микроорганизмов является одним из главных факторов, способствующих самоочищению почв. В природных экосистемах основная часть микроорганизмов существует в виде ассоциаций, пространственно и метаболически структурированных сообществ. Между микробными компонентами существуют разнообразные взаимоотношения, при которых образование или потребление какого-либо субстрата происходит с большей интенсивностью, чем в случае свободных популяций. Стабильное функционирование экосистемы обеспечивается взаимодействием сообщества и зависит от входящего ресурса. В почвенном биоценозе присутствуют аэробные и анаэробные микроорганизмы-спутники, которые неспособны утилизировать компоненты нефти, но растут за счет продуктов ее деградации [1].

Способность микроорганизмов к деградации различных загрязнителей, в том числе и углеводородов – основных компонентов нефти, интенсивно изучается. Разработка способов биоремедиации определяется потенциальным их экономическим преимуществом, экологичностью и возможностью использования на заключительных этапах механических и физических способов ремедиации. Проводятся широкие исследования по условиям применимости, эффективности и развития способов аугментации и стимулирования аборигенной микрофлоры *in situ* и *off site*. Технология стимулирования аборигенной микрофлоры развивается на основе способов смешивания загрязненных грунтов с органическими субстратами и другими наполнителями. Применимость и эффективность использования разных способов биоремедиации зависит от «возраста», характера загрязнения и в значительной степени от механического состава почвы, размера очищаемой территории и назначения ее хозяйственного использования.

Развитие методов аугментации направлено на получение иммобилизованных биопрепаратов и их применения в сочетании с агротехническими мероприятиями. Известно, что эффективность биопрепарата возрастает при иммобилизации микробных клеток на сорбенте. Сорбент одновременно обеспечивает сорбцию углеводородов и является носителем микроорганизмов, а также может служить источником дополнительных элементов питания для микроорганизмов и структурообразователем почвы. Наибольшее число работ в этом направлении проводилось при использовании торфа, широко распространенного сырьевого источника на территории РФ и выполняющего роль не только субстрата для иммобилизации, но и одновременно сорбента по отношению к углеводородам. Одним из показателей, характеризующих потенциальную сорбционную емкость торфа, является влагоемкость, т.е. способность торфа удерживать максимальное количество воды, которое соответствует в данное время внешним условиям среды. Регулирование влагоемкости торфа может быть достигнуто путем его гидрофобизации. Из литературных источников известно, что наибольшей нефтеемкостью обладает гидрофобный, низкозольный, слаборазложившийся торф, подвергшийся низкотемпературному пиролизу [2].

Анализ литературы и практических исследований показывает большое разнообразие изучаемых групп углеводородокисляющих микроорганизмов, но механизм влияния аборигенной микрофлоры и сорбентов на состав почвенного биоценоза при внесении биопрепарата не ясен.

Целью проведенных исследований было изучение влияния аборигенной микрофлоры на эффективность биоремедиации нефтезагрязненных почв.

В экспериментах использовали дерново-подзолистую супесчаную и огородную почвы. В чашку Петри вносили по 50 г почвы и по 25 мл удобрения «Априкола». Затем вносили по 2,5 мл углеводородов (моторное масло + сырая нефть в соотношении 1:1). В качестве биопрепарата использовали смешанную культуру дрожжей *Candida maltosa* и бактерий *Rhodococcus erythropolis* в соотношении 1:1. Биопрепарат вносили в почву в виде суспензии живых клеток плотностью $5 \cdot 10^7$ кл/мл в количестве 50 мл на чашку Петри. В определенные варианты опыта биопрепарат вносили в виде суспензии инактивированных клеток, для чего ее прогревали на кипящей водяной бане в течение 20 минут.

Фитотестирование используется как один из методов интегральной оценки токсичности почвы, загрязненной различными поллютантами. В качестве объекта, по которому оценивали уровень токсичности почвы, использовали семена пшеницы, ее преимущество по сравнению с кресс-салатом и овсом заключается в том, что она более чувствительна к токсичным загрязнениям. По истечению 30 суток после начала эксперимента в каждый вариант опыта вносили 20 зерен пшеницы. В течение 14 суток наблюдали всхожесть семян и длину побега и корня.

Полученные результаты (табл. 1) показывают, что аборигенная микрофлора почвы оказывает существенное влияние на активность роста растений (показатели фитотестирования) и самоочищающую способность почвы. После 30 суток инкубации нативной и стерильной нефтезагрязненных почв остаточное содержание углеводородов составило 59% и 87%, соответственно. При внесении в почву биопрепарта (суспензии живых клеток дрожжей *C. maltosa* и бактерий *Rhodococcus erythropolis*) повысилась самоочищающая способность нативной нефтезагрязненной почвы, содержание остаточных углеводородов в почве снизилось до 40%. Незначительно повысилась и самоочищающая способность стерильной нефтезагрязненной почвы, что привело к снижению содержания поллютанта до 70%.

Таблица 1.

Влияние аборигенной микрофлоры на эффективность биоремедиации нефтезагрязненных почв (через 30 суток при температуре $18-22^0C$)

Образец	Показатель фито-тестирования - всхожесть, %	Содержание УГВ, % от исходного
Нативная почва	100	-
Стерильная почва	75	-
Нативная почва + нефтепродукты	75	59
Стерильная почва + нефтепродуктами	25	87
Нативная почва + нефтепродукты + биопрепарат (живые клетки)	89	40
Стерильная почва + нефтепродукты + биопрепарат (живые клетки)	50	70

Полученные данные подтверждаются результатами практических работ, выполненных рядом авторов, в которых были достигнуты высокие показатели эффективности биоремедиации природных сред, загрязненных нефтепродуктами, при использовании агротехнических способов, повышающих активность почвенных биоценозов [3].

Анализ научной и патентной литературы показывает практическое отсутствие различий в эффективности использования для биоремедиации разных видов углеводородокисляющих микроорганизмов [4].

При этом отсутствуют достоверные данные, характеризующие динамику популяции интродуцированных микроорганизмов в почве. С целью исследования закономерностей участия привнесенных микроорганизмов в окислении нефтяных загрязнений в почве в нашей работе было изучено влияние на повышение биологической активности почвы внесение суспензии живых клеток углеводородокисляющих микроорганизмов и суспензии термически инактивированных клеток в эквивалентных количествах.

Модельные опыты проводили на загрязненной нефтяными углеводородами огородной почве и дерново-подзолистой супесчаной почве. Результаты исследований представлены в табл. 2.

Анализ таблицы показывает, что повышение эффективности биоремедиации при интродукции в почву биопрепаратов определяется не только окислительной активностью привнесенной микрофлоры, но и внесением в почву легкодоступных органических соединений, которые могут оказывать стимулирующее влияние на окислительный потенциал аборигенной микрофлоры.

Большое влияние на деградационную активность микроорганизмов в почве оказывает способ их внесения в виде иммобилизованных клеток на разного рода носителях. Одним из таких эффективных сорбентов является торф, который выполняет не только роль субстрата для иммобилизации клеток, но и структуратора почвы. В модельных экспериментах почва загрязнялась нефтью с массовой долей 10%. Количество вносимого биопрепарата рассчитывалось из соотношения 1% от массы загрязнителя. В загрязненную почву вносили необходимое количество макро- и микроэлементов. В качестве контроля использовали загрязненную почву без внесения биопрепарата и биосорбента, но с внесением макро- и микроэлементов для активизации аборигенной микрофлоры. Влажность почвы поддерживалась на уровне 70% от полной влагоемкости.

Таблица 2.
Влияние интродуцированных углеводородокисляющих микроорганизмов на эффективность процесса биоремедиации (через 28 суток при температуре 18-22^{0}C)

Образец	Показатели фитотестирования		Показатели биотестирования на *Daphnia magna Straus*		Остаточное содержание УГВ, %
	всхожесть семян, %	активность прорастания, %	БКР$_{10-96}$	ЛКР$_{50-96}$	
Огородная почва - почва	100	100	-	-	-
- почва + УГВ	52	23	191	0,65	90-95
- почва + УГВ + живые клетки	70	73	65,8	0,2	30
- почва + УГВ + инактивированные клетки	68	65	67,5	0,25	23
Дерново-подзолистая - почва	100	100	-	-	-
- почва + УГВ	58	20	185	0,7	60
- почва + УГВ + живые клетки	95	55	7,04	0,49	41
- почва + УГВ + инактивированные клетки	97	65	6,22	0,51	39

Результаты по изучению степени очистки и снижения содержания углеводородов нефти в почве при использовании биосорбента и биопрепарата (табл. 3) показывают, что степень очистки нефтезагрязненных почв выше при использовании биосорбента.

Таблица 3.

Влияние торфа на эффективность биоремедиации нефтезагрязненных почв (через 28 суток при температуре 18-22^{0}С)

Образец	Показатели фитотестирования		Показатели биотестирования на *Daphnia magna Straus*		Остаточное содержание УГВ, г/кг
	всхожесть семян, %	активность прорастания, %	$БКР_{10-96}$	$ЛКР_{50-96}$	
- почва	100	100	-	-	-
- почва + УГВ	40	52	181	0,67	10
- почва + УГВ + живые клетки	63	70	65,7	0,2	5,12
- почва + УГВ + живые клетки + торф	71	75	7,25	0,61	2,93

Таким образом, показано, что внесение в нефтезагрязненную почву органических веществ в виде инактивированных клеток в количестве эквивалентном внесению живых клеток приводит к снижению уровня ее загрязнения и уменьшению степени токсичности.

Подтверждена высокая эффективность внесения иммобилизованных на торфе клеток углеводородокисляющих микроорганизмов. Однако, требуются дальнейшие исследования по выбору оптимального размера частиц сорбента, что обусловлено механическим составом почвы.

Литература:

1. Стрелкова Е.А., Журина М.В., Плакунов В.К. Использование реконструированных биопленок для ускорения деградации углеводородов нефти// Вестник биотехнологии и физико-химической биологии им. Ю.А.Овчинникова. 2008. Т.3. №4.С. 28-30.

2. Патент РФ 2336125, 20.10.2008.

3. Лушников С.В., Терещенко Н.Н., Воробьев Д.С., Франк Ю.А. Опыт применения инновационных технологий биоремедиации природных сред, загрязненных нефтью и нефтепродуктами// 4-й Моск. межд. конгресс «Биотехнология: состояние и перспективы развития». М. 2007. часть 2. С.131.

4. Терещенко Н.Н., Лушников С.В. Эффективность применения биотехнологических процессов для биоремедиации нефтезагрязненных экосистем: анализ отечественного и зарубежного опыта// 7-й Моск. межд. конгресс «Биотехнология: состояние и перспективы развития». М. 2013. часть 2. С.219-220.

Красноштанова А.А. - д.х.н., профессор РХТУ им. Д.И.Менделеева
Тимошенко К.А. - аспирант РХТУ им. Д.И.Менделеева
Прудсков Б.М. - д.х.н., профессор РХТУ им. Д.И.Менделеева
Гусева Т.В. - д.т.н., профессор РХТУ им. Д.И.Менделеева

ИССЛЕДОВАНИЕ ПРОЦЕССА ВЫДЕЛЕНИЯ ДНК ИЗ БАКТЕРИАЛЬНОЙ БИОМАССЫ *METILOCOCCUS CAPSULATUS*

Одной из актуальных проблем современности является неблагоприятное действие факторов окружающей среды, отрицательно влияющих на иммунную систему и вызывающих иммунодефициты. К числу основных способов поддержания нормального функционирования иммунной системы и восстановления иммунитета является применение иммуномодуляторов – природных и синтетических веществ, причем в настоящее время широкое применение нашли иммуномодуляторы на основе нуклеиновых кислот и их производных. Поэтому сейчас большое внимание уделяется разработке альтернативных путей получение нуклеиновых компонентов, например, из природного сырья – ДНК из клеток микроорганизмов и тканей животных.

В данной работе было проведено сравнение эффективности использования нативной бактериальной биомассы *Methylococcus capsulatus* и биомассы тех же бактерий, освобожденной от липидной фракции. На первом этапе было изучено влияние продолжительности процесса. Анализ полученных данных показал, что оптимальное время экстракции как для нативной, так и для биомассы, освобожденной от липидной фракции, составляет 240 мин, т. к. дальнейшее проведение процесса приводит к падению концентрации ДНК (см. рис 1).

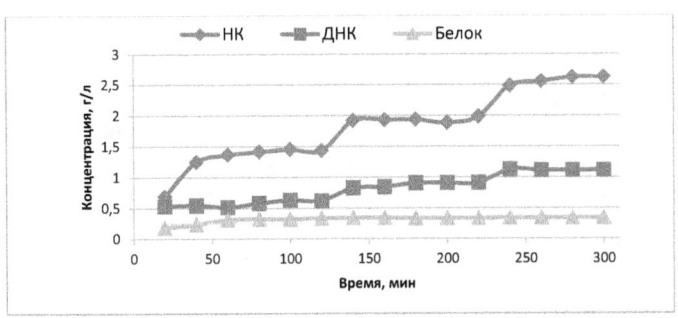

Рис. 1. Определение оптимального времени экстракции нуклеиновых компонентов из бактериальной биомассы *Methylococcus capsulatus*

Для предотвращения деструкции ДНК необходимо сократить время процесса при сохранении высокой степени извлечения НК. Из литературы известно, что наличие в исходном экстрагенте ионов калия и кальция приводит к расширению пор в мембране клеток, что может способствовать увеличению скорости извлечения НК в раствор. При этом наибольшее влияние оказывает присутствие в среде ионов калия, что позволяет сократить продолжительность экстракции до 3,5 часов для нативной биомассы и до 2,5 часов для освобожденной от липидной фракции.

Далее было изучено влияние концентрации ионов калия на экстракцию нуклеиновых компонентов из бактериальной биомассы *Methylococcus capsulatus* , при этом анализировалась экстракция не только общих нуклеиновых компонентов, но и ДНК (см. рис. 3). Как видно из представленных данных оптимальной концентрацией хлорида калия является 3 г/л, т.к. дальнейшее увеличение содержания ионов калия приводит к снижению эффективности экстракции НК и ДНК. В результате проведенных исследований было также отмечено, что выделение из биомассы ДНК сопровождается экстракцией РНК и белковых веществ. Для очистки от примесей белковых веществ использовали метод высаливания, а от примеси РНК — метод ультрафильтрации.

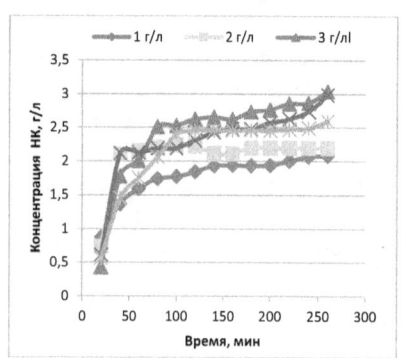 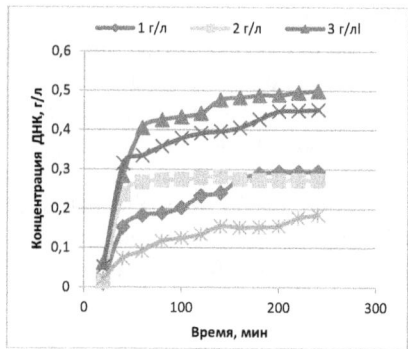

Рис. 2. Влияние концентрации ионов калия на экстракцию нуклеиновых компонентов (а) и ДНК (б) из биомассы *Methylococcus capsulatus*

При последующем осаждении ДНК в изоэлектрической точке из очищенного раствора был получен осадок, содержащий 15% примесной РНК. Поэтому далее оценили эффективность использования в качестве экстрагента двузамещенный фосфат аммония, который, как известно из литературы, взаимодействует с белком внутриклеточного белково-нуклеинового комплекса и позволяет выделять нуклеиновые кислоты в свободном виде. Оптимальное время экстракции как для нативной, так и для биомассы, освобожденной от липидной фракции, составило 2,5 часа. При этом при дальнейшее последовательной ультрафильтрационной очистки на различных мембранах селективность по ДНК заметно возросла.

Таким образом, в результате проведенных исследований было установлено, что при использовании в качестве экстрагента хлорида калия, выделенная из биомассы ДНК содержит 15% примесной РНК, в то время как в результате экстракции с использованием двузамещенного ортофосфата аммония удается получить препарат с содержанием примесной РНК до 6%.

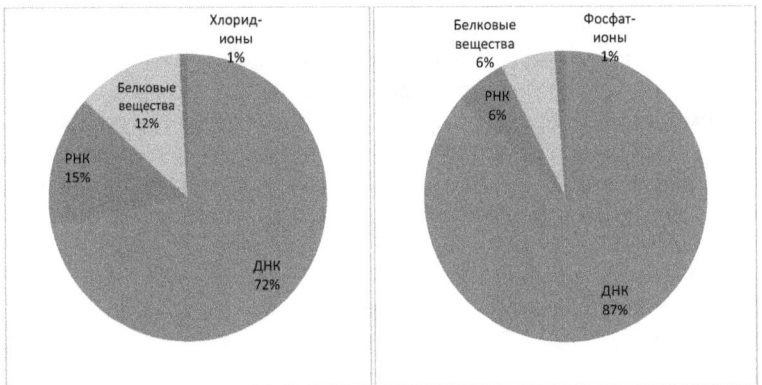

Рис. 2. Состав концентратов ДНК полученных методом экстракции в присутствии хлорида калия (а) и двузамещенного фосфата аммония (б)

Таким образом, в результате проведенных исследований было установлено, что оптимальным экстрагентом для выделения ДНК из биомассы бактерий *Methylococcus capsulatus* является двузамещенный фосфат аммония с концентрацией 1,8-2,0 моль/л. При этом удается получить препарат ДНК практически свободный от примесной РНК и белковых веществ.

Работа выполнена при финансовой поддержке Министерства образования и науки РФ

Литературные источники

1. Мельников Д.Ю. Применение иммуноконъюгатов Дерината в химиотерапии онкологических больных // Использование препарата Деринат в различных областях медицины: Мат-лы 1-й Всерос. конф. – М., 2000. – С. 6–8.
2. В.И. Петров, Н.В. Онищенко, О.Ю. Ананьева, М.С. Новиков, А.А. Озеров. Соотношение психотропных и антивирусеых свойств в ряду производных 9-(2-феноксиэтил) аденина. // Успехи современного естествознания, 2004, № 9, с. 59-60.
3. В. Эллиот, Д. Эллиот. Биохимия и молекулярная биология. М.: МАИК "Наука/Периодика", 2002, с. 444.
4. Кнорре Д. Г., Мызина С. Д. Биологическая химия. — 3. — Москва: Высшая школа, 2000. — 479 с. — 7000 экз. — ISBN 5060037207

Константиновская М.А. - аспирант РХТУ
Красноштанова А.А. - доцент, д.х.н, профессор РХТУ

ПОДБОР УСЛОВИЙ ОБЕЗЖИРИВАНИЯ ОТХОДА ПРОИЗВОДСТВА КОСТНОЙ МУКИ

На протяжении десятилетий серьезной проблемой, тормозящей развитие животноводства, является несбалансированность кормов, как по содержанию белка, так и по аминокислотному составу.

Данную проблему можно решить, добавляя в комбикорма в качестве одного из компонентов костную муку. В состав костной муки входят основополагающие компоненты питания – белки и минеральные вещества.

Сырьем для производства костной муки служат кости животных - отходы скотобоен, беконных и консервных предприятий, что значительно снижает ее себестоимость.

Производство костной муки включает следующие стадии:
 - измельчение;
- обработка паром;
- сепарация;
- сушка.

Тяжелая фракция, отделяемая на стадии сепарации жира, так называемый «бульон», является отходом производства. В среднем из 100 т сырья в сутки производится 46 т муки, 12-16т жира, и получается 40 т «бульона».

Бульон содержит значительное количество высокомолекулярных органических соединений. ХПК бульона составляет 35000-50000 мг О\л. Его состав может незначительно варьировать от партии к партии при изменении исходного сырья (кости крупного рогатого скота, свиней).

Таким образом, отход производства костной муки является сложноутилизируемым и должен проходить первоначальную очистку на предприятии до показателей, не превышающих нормативы ПДК для сточных вод. В настоящее время очистка проводится путем добавления химических реагентов (коагулянтов и флокулянтов), что ограничивает использование скоагулированной массы на корм животным или в качестве удобрений. В данной работе ставилась задача поиска вариантов очистки и дальнейшей утилизации бульона с минимизацией стадий химической обработки и получения на основе бульона ценной конкурентоспособной продукции.

Материалы и методы

Объектом исследования явились образцы «бульона», предоставленные предприятием ОАО «Костные препараты» (г. Лобня).

Массовую долю жира в образцах определяли методом Сокслетта.

Состав липидной фракции определяли методом тонкослойной хроматографии (ТСХ). Содержание протеина определяли по методу Къельдаля.

Результаты и обсуждение
Основными компонентами бульона являются жиры и жироподобные вещества (определено с помощью ТСХ) и вещества белковой природы. Основным белком является коллаген, частично гидролизованный после температурной обработки.

В связи с этим представляет интерес реализация комплексной переработки бульона с получением гидролизатов коллагена, при которой побочным продуктом будут липиды. При этом в соответствии с принятыми в литературе приемами, на первой стадии производят отделение липидной фракции, а уже затем, из обезжиренного полупродукта выделяют белки.

Такой отход может быть использован в дальнейшем в качестве субстрата для получения кормовой биомассы, при культивировании на нем микроорганизмов, обладающих высокой липолитической активностью, например дрожжей *Yarrowia lipolytica*.

Для реализации поставленной задачи подбирали условия выделения из бульона жировой фракции.

С этой целью использовали следующие приемы:
- изменение полярности среды;
- высаливание жиров;
- обезжиривание органическими растворителями.

Полярность среды изменяли, варьируя рН исходного бульона от 3 до 11 с шагом 1, с последующим центрифугированием при 6000 об\мин в течение 10 минут. При этом удалось выделить 3 фракции: осадок, центрифугат (средняя фракция), и надосадок (верхняя фракция). Данные по относительному распределению жиров в полученных фракциях представлены в таблице 1.

Таблица 1. Распределение жиров по фракциям бульона при различных значениях рН

рН показатель	Распределение жира по фракциям, %		
	надосадок	центрифугат	осадок
3.0	38.1	9.7	52.2
4.0	12.2	29.7	58.1
5.0	7.1	25.7	67.2
8.0	87.5	5.6	6.9
9.0	38.5	50.9	10.6
10.0	65.3	19.7	15.0
11.0	78.8	5.6	15.6

Из данных таблицы 1 следует, что наилучшее отделение жировой фракции достигается при pH 8.0. Схожие результаты получены для pH 11, но для достижения такого значения pH требуется значительный расход щелочи.

Для высаливания использовали NaCl в концентрации 10%, 25%, и 50% от насыщения с последующим центрифугированием при 6000об\мин в течение 10 минут. В отделенных фракциях определяли содержание жира и составляли материальный баланс процесса. Полученные данные представлены в таблице 2.

Таблица 2. Распределение жиров по фракциям бульона при высаливании

Концентрация NaCl, % от насыщения	Распределение жира по фракциям, %		
	надосадок	центрифугат	осадок
10	53.9	16.9	29.9
25	53.3	41.5	5.2
50	50.3	42.8	6.8

Из полученных данных следует, что оптимальной для высаливания жиров является концентрация NaCl 10% от насыщения.

В качестве органических растворителей для обезжиривания применяли наиболее распространенные растворители и их смеси. Экстракцию проводили при непрерывном перемешивании в течение 40 мин с последующим разделением фракций и отгонкой растворителя. Время экстракции подбирали экспериментально. Эффективность экстракции оценивали по остаточному содержанию жира в водной фазе. Данные представлены в таблице 4.

Таблица 4. Степень экстракции жира при обработке органическими растворителями

Растворитель	Степень экстракции жира, %
Этанол:хлороформ =1:2	90
Этилацетат	97
Гексан	Нет разделения
Петролейный эфир: этанол = 1:1	88
Бензин: этанол= 1:1	75

Из таблицы видно, что практически полное обезжиривание достигается при обработке отхода этилацетатом.

На основе проведенных исследований можно сделать вывод о том, что наилучшее отделение жировой фракции достигается при обработке органическими растворителями, но при этом жировой отход будет содержать остаточные количества растворителя, что может негативно сказаться на последующем получении кормовой биомассы.

Чурзина А.А.
Тихоокеанский институт географии ДВО РАН, г. Владивосток,
младший научный сотрудник

РЕЛЯТИВИСТСКАЯ УСТОЙЧИВОСТЬ ПРОСТРАНСТВЕННО-ИЕРАРХИЧЕСКИХ СТРУКТУР ГОРОДСКОГО РАССЕЛЕНИЯ ПРИМОРСКОГО КРАЯ И ЮГА ХАБАРОВСКОГО КРАЯ

Специфика географического положения южных регионов Дальнего Востока России - Приморского и Хабаровского (юг) краев, прежде всего приграничного положения, неизбежно отражалась на особенностях их пространственного развития, формирования территориальных структур хозяйства и населения в течение всей их недолгой истории, обусловливая замедление (ускорение) этих процессов, своеобразный «рисунок» сетей расселения, в зависимости от состояния отношений с сопредельными странами в тот или иной период.

Ретроспективный анализ хозяйственного освоения и заселения юга ДВР на протяжении последних полутора веков (со второй половины XIX в. по настоящее время) позволил выявить временные особенности эволюции городского расселения здесь. На первоначальном этапе заселения Уссурийского края и Приамурья (1850-е гг.–1917 г.) наблюдался *естественный тип* пространственного расселения населения при слабом развитии сети городских поселений, которые преимущественно выполняли функции форпостов. В период между двумя мировыми войнами (с 1920-х гг. по 1940 г.), в условиях *управляемого типа развития и* достижения определенной экономической и демографической плотности на этих территориях, развитие шло по классическому сценарию. Наряду с преобладающим сельским расселением начала формироваться опорная сеть городских населенных пунктов, выполняющих роль организационных и обслуживающих окружающие местности экономических центров, в сочетании со строительством транспортных магистралей. В послевоенные годы (1950-е–первая половина 1980-х гг.) особенности процессов пространственного развития регионов выразились в более масштабном наращивании интенсивных и экстенсивных форм заселения, ускоренном темпе индустриализации и росте городских поселений, увеличении доли урбанизированного населения, укреплении экономики сельской местности [6,225]. К концу 1950-х гг.–началу 1960-х гг. особенно четко проявились специфические черты размещения населения, характерные схеме «центральных мест» В. Кристаллера [5,21], дифференциация центральных мест по функциональности. В 1970-е–первой половине 1980-х гг. шло диверсифицированное социально-экономическое развитие региона; возникли новые городские населенные пункты и формировались относительно равномерные сеть поселений и иерархия городских поселений, транспортных коммуникаций.

По мере «затухания» импульса развития урбанизированного пространства 1970-1980 гг. и, особенно, как следствие абсурдных политико-экономических реформ 1990-х гг., возникла проблема *трансдукции* населения – скопления населения в главных экономических центрах регионов при существенном дефиците демографического потенциала на остальных территориях. Общий тренд резкого снижения численности населения, обусловленного миграционным оттоком (с 1989 г.) и естественной убылью населения (начиная с 1992-1993 гг.) - реакция населения на политическую, социально-демографическую, экономическую дестабилизацию в регионах и стране.

В процессе «эволюции» сети расселения в этот период проявляются нарушения естественного хода событий, характерных предыдущему периоду тенденций формирования опорной сети «центральных мест», иерархии городских поселений. В этот период происходило не только замедление развития средних, малых городов и поселков городского типа, но отмечались выраженные регрессивные процессы в их развитии. В то же время отмечалось некоторое развитие нескольких наиболее крупных урбанизированных территорий (Владивостокской, Находкинской, Хабаровской и Комсомольской агломераций) и транспортных коммуникаций (нефте-и газопроводов, автомобильных и железных дорог). Регрессивные процессы в развитии средних и малых городов и поселков городского типа вызвали на их фоне «эффект гипертрофированного развития» крупных городов и «нарушения» в складывающейся здесь в предыдущие периоды иерархии городских поселений, являясь лимитирующим фактором условного движения к последующим фазам формирования системы расселения – к «сингулярной», а в дальнейшем и к «постсингулярной».

Основными проблемами развития Приморского и Хабаровского (юг) краев остаются: периферийное положение, низкий уровень освоенности, заселенности и слабая сформированность сети городских поселений. Применительно к регионам Тихоокеанской России следует отметить, что затруднительно утверждать, что здесь сформировалась *система поселений* – связи между населенными пунктами на этих территориях в большинстве случаев не столь тесны и устойчивы. Более того, связи этих поселений, как экономических центров, часто устойчивей, теснее с западными регионами России, или даже с сопредельными странами, чем между собой [1;2;3]. На наш взгляд, такое положение можно объяснить издержками «малого возраста» регионов. Поэтому в данной работе мы в большей мере будем оперировать преимущественно понятием *сети городских поселений* [4,325]. Приоритетной задачей наших исследований стала оценка устойчивости развития сетей городского расселения на юге ДВР:

установление либо устойчивости развития городских поселений и его взаимосвязи с уровнем урбанизированности территорий (с помощью правила Д. Ципфа и классической теории центральных мест В. Кристаллера и А. Лёша), либо – гетерохронности (*неустойчивости развития*) эволюционных процессов. В этих целях была выполнена оценка изменений в соотношениях размеров городских поселений и уровня урбанизации при различных модификациях систем центральных мест (К) в пределах границ Приморского и Хабаровского (юг) краев, произошедших здесь в 1925 – 2012 гг. (табл. 1). Сопоставив изменения доли городского населения и показатели *изостатического равновесия* [7] рассмотренных моноцентрических сетей городских поселений, были сделаны определенные выводы о пространственно-эволюционной трансформации региональной сети урбанизированного расселения юга Дальнего Востока России в целом за этот период.

Проведенный анализ развития сетей городских поселений за достаточно значительный, по меркам «нового» региона, период (1925–2012 гг.) с помощью правила Д. Ципфа и классической теории центральных мест В. Кристаллера в пределах локальных сетей урбанизированного расселения при различных модификациях показал гетерохронное развитие эволюционных процессов на отдельных территориях: 1) В 1976 г. локальная сеть городских поселений Приморского края перешла с «докристаллеровской» структуры К=2 (возникшей в 1926 г.) к «классической» К=3 (и сохраняющейся по настоящее время). Несмотря на существование большого числа проблем развития (стагнация территорий, удаленных от центра; сокращение численности населения в населенных пунктах и др.) к 2011 г. здесь проявились наиболее оптимальные значения изостатического равновесия уровней иерархии 3,15 и среднего квадратического отклонения 0,16 (табл. 1), позволившие отметить слабо наметившуюся релятивистскую устойчивость эволюционных процессов. В перспективе, при реализации интеграционного проекта «Большой Владивосток» и формировании так называемого Владивостокского мегалополиса, центральные места, находящиеся в пределах 2–3-х-часовой транспортной доступности от краевого центра, могут получить новый импульс развития. А это в свою очередь может послужить благоприятным фактором для перехода к более сложной модификации систем центральных мест при условии эффективной эволюции ЦМ всех уровней иерархии, как единой Приморской сети расселения.

2) До 1932 г. локальная сеть поселений юга Хабаровского края развилась с примитивного уровня К=1 до К=2. К 1955 г. доля населения достигла 69,7%, показатели изостатического равновесия уровней иерархии – 3,38 и стандартного отклонения – 0,13 (табл. 1). Такие высокие показатели сохранялись до конца 1980-х гг., в этот период сеть расселения Хабаровского края достигла апогея своего развития. В政олитико-

экономических условиях 1990-х годов и вплоть до настоящего времени, при увеличении уровня урбанизированности (свыше 80% – вследствие оттока населения из периферии в этот период) значения изостатического равновесия ($\sum(R^t_n/R^e_n)$) и стандартного отклонения (S) ухудшились до 1,90 и до 0,16, соответственно. Это позволяет сделать вывод о стагнации сегодня эволюции расселенческого процесса и гетерохронности релятивистской устойчивости Хабаровской сети.

Деформация «кристаллеровского пространства» рассматриваемых регионов в последние 2–3 десятилетия, как следствие стагнирующего или даже регрессирующего состояния центральных мест II-го, III-го и IV-го иерархических порядков, создающая «эффект» гипертрофированного развития центральных мест I-го уровня иерархии, гетерохронность эволюционного развития расселенческих сетей и их релятивистской устойчивости в целом выступает здесь лимитирующим фактором для перехода к более сложным структурам надагламерационного уровня и дальнейшего формирования локальных и единой региональной систем расселения «кристаллеровских модификаций».

Список используемой литературы:

1. Бакланов, П.Я. Дальневосточный регион России: проблемы и предпосылки устойчивого развития. Владивосток: Дальнаука, 2001. 144 с.

2. Деваева, Е.И. Реформы организации внешней торговли и их влияние на внешнеэкономическую деятельность Дальнего Востока //Дальний Восток России: экономическое обозрение. М.: Прогресс-комплекс «Экопрос», 1993. С.144-154.

3. Минакир П.А. Экономика регионов. Дальний Восток. /отв. ред. А.Г. Грантерг. М.: Экономика, 2006. 848 с.

4. Романов, М.Т., Чурзина, А.А. Концепция развития сети городских поселений в приграничных регионах востока России в новых условиях //Спутник «+». М., 2010. №5 (49). С. 322-326.

5. Худяев, И.А. Эволюция систем расселения: от регулярности к сингулярности //Региональные исследования. М., 2008. № 4. С. 15-25.

6. Чурзина, А.А. Развитие городских поселений на юге ДВР, территориальные особенности, приоритеты и проблемы //Вопросы региональной географии и геоэкологии: Материалы Всероссийской научной конференции. Рязань, 2007. С. 218 – 229.

7. Шупер, В.А. Самоорганизация городского расселения. М.: Изд-во РОУ, 1995. 336 с.

Таблица 1

Оценка релятивистской устойчивости сетей городского расселения юга ДВР при различных модификациях К

Субъекты РФ	Год	Доля городского населения, %	Тип модификации К	Средняя численность населения, тыс. чел.				Радиусы, R				Стандартное отклонение, S
				I	II	III	IV	R^i_{12}/R^e_{12}	R^i_{23}/R^e_{23}	R^i_{34}/R^e_{34}	$\sum(R^i_n/R^e_n)$	
Приморский край	1925	33,7	К=1	98,9	-	14,4	8,1	-	-	1,65/0,93	1,77	0,13
	1955	65,9	К=2	275,6	98,5	42,7	20,6	1,04/0,91	1,49/1,18	1,79/1,36	3,72	0,17
	2011	75,5	К=3	577,3	156,8	79,8	36,1	0,86/0,99	0,78/0,66	0,79/0,72	3,15	0,16
Хабаровский край	1933	47,4	К=1	170,4	-	46,4	12,0	-	-	1,61/1,01	1,59	0,12
	1955	69,7	К=2	305,7	165,8	34,6	20,2	0,97/0,62	1,48/1,33	1,71/1,47	3,38	0,13
	2011	80,5	К=2	576,9	270,3	-	26,2	1,18/0,62	-	-	1,90	0,16

Злобина О.Н.[1], Гребнев И.Е.[2]

[1]кандидат геолого-минералогических наук, Федеральное государственное бюджетное учреждение науки Институт нефтегазовой геологии и геофизики им. А.А. Трофимука Сибирского отделения Российской академии наук; [2]директор студии «Сибирь-ПалеоАрт»
e-mail: Zlobina@ngs.ru

ОБСТАНОВКИ ЗАХОРОНЕНИЯ ДИНОЗАВРОВ В МЕЗОЗОЙСКИХ ОТЛОЖЕНИЯХ ЮГО-ВОСТОКА ЗАПАДНОЙ СИБИРИ (РАЗРЕЗЫ ШЕСТАКОВСКОГО ЯРА)

В 1953 году в береговом обрыве р. Кия вблизи села Шестаково Кемеровской области геологами был обнаружен череп и неполный скелет небольшого пситтакозавра, которого назвали сибирским (Psittacosaurus sibiricus). Возраст отложений, в которых нашли скелет динозавра, определили как нижнемеловой, исходя из устоявшегося мнения, что расцвет пситтакозавров на территории Центральной Азии произошёл в раннем мелу, поэтому окаменелости этой группы фауны служат индикаторами данного периода. Осадки, вскрытые в береговом обрыве р. Кия, отнесли к континентальной илекской свите, в разрезе которой согласно стратотипу наблюдается переслаивание известковистых глин, реже мергелей красновато-бурого, вишнёво-красного цвета, часто с голубовато-зелёными или фиолетовыми пятнами, алевролитов бурых, зеленоватых и песчаников зелёных мелкозернистых [1, 67]. Свита (мощностью 100-760 м), сформировавшаяся в Чулымо-Енисейском районе в течение берриаса и валанжина, была изучена по естественным обнажениям и керну скважин и датирована немногочисленной пресноводной фауной, остатками костей динозавра, спорами и пыльцой.

Следующая крупная находка на данном обнажении была сделана в конце 20-го века. Исследователями в стенке обрыва на разных уровнях были выпилены монолитные блоки и опущены для препарировки к подножию. Дальнейшее послойное (сверху-вниз) скалывание породы вскрыло в пределах одного блока скелетные остатки хорошей сохранности, принадлежавшие, по крайней мере, трём особям пситтакозавров, одинаково ориентированным и располагающимся на одной поверхности рядом друг с другом. В связи с этим возникло предположение об их возможном прижизненном захоронении. Такие находки редки и уникальны. Кроме того, в ещё одном монолите была обнаружена особь меньшего размера и, вероятно, другого вида. Литологические исследования вмещающих отложений подтвердили прижизненное захоронение первой группы динозавров, об этом свидетельствуют гранулометрический и минералогический составы осадков, изученные на разных срезах монолита.

Визуально вмещающие породы кажутся однородными – это светло-зеленоватые слабо сцементированные алевропесчаники или песчаные алевриты без каких-либо включений с массивной текстурой. Редкие фрагменты тонкого углефицированного растительного детрита зафиксированы только при микроскопическом изучении. Гранулометрический спектр пробы, взятой с поверхности, на которой стояли или лежали пситтакозавры, демонстрирует идеальное симметричное мономодальное распределение, в котором мода - размер наиболее часто встречающихся зёрен (в данном случае до 9,7%) соответствует 74 мкм. Такой тип распределения наиболее характерен для осадков сублиторали (подводного берегового склона), образующихся на материковой отмели ниже уровня самого низкого отлива. В обстановках приливно-отливной зоны (верхняя литораль по Джонсону и Флемингу, 1942) формируются отложения с более сложным, как правило, бимодальным типом кривых. В срезе на два сантиметра выше спектр меняется. Мода сдвигается в сторону псаммитовых фракций до 176 мкм, количество обломков такого диаметра составляет 8,6%. Кумулятивный процент на уровне моды (сумма всех фракций, которые меньше диаметра наиболее часто встречающихся зёрен) составляет 73,5, кривая распределения становится асимметричной. Породы, перекрывающие скелетные остатки, сортированы ещё слабее. Количество частиц доминирующего диаметра (148 мкм) составляет всего 7%, кумулятивный процент па уровнс моды равен 69,3. При этом содержание пелитовых фракций (меньших 0,01 мм) в отложениях почти не меняется, варьируя от подошвы к кровле плиты в пределах 7,9-10,4%. Характер изменения кривых свидетельствует о поступлении в область седиментации более крупнообломочного материала из осадков с близким к симметричному типу распределения. Разрушающиеся породы, вероятно, также представляли собой фации подводного берегового склона, выведенные на поверхность в результате падения уровня моря.

Минеральный состав алевритов и песчаников из разных срезов одинаков, в нём присутствует кальцит (до 36%), который слагает часть обломков и цемент. Несмотря на базальный тип цементации, породы некрепкие, быстро размокающие. Исследование образцов с помощью сканирующего электронного микроскопа выявило два типа известкового цемента. Первый формировался в процессе седиментации в виде корочек обрастания на карбонатных обломочных зёрнах, за счёт биохемогенного осаждения микрокристаллического кальцита из морской воды. Корочки округлой формы диаметром до 10 микрон налегают друг на друга, образуя микроструктуры подобные черепице. Все фрагменты такой «черепицы» пронизаны частыми, одинаково ориентированными трубчатыми микропорами. Второй тип цемента образовался в ходе постседиментационных преобразований путём перекристаллизации первого. В интерстициях между обломками наблюдаются хорошо окристаллизованные кристаллы кальцита без микропор. На некоторых участках их сростки формируют базальный тип цементации.

Малые концентрации в породах органического углерода и отсутствие следов жизнедеятельности бентосных организмов свидетельствуют о неразвитой трофической базе. Предполагается, что особи травоядных динозавров в поисках питания в момент низкого отлива могли бродить по склону, проверяя ниши берегового клифа, или прятались в них от хищников. Вероятно, за счёт волновых процессов в нишах скапливалась водорослевая масса, привлекая пситтакозавров. Таким образом, обвал обрыва, сложенного легко размокающими осадками, похоронил группу питающихся особей. Часть перемещённых отложений, располагаясь выше уровня моря, была на долгое время выведена из области аккумуляции, что способствовало преобразованию осадков в красновато-коричневые глинистые алевриты коры выветривания. Их цвет обусловлен процессами окисления Fe-, Ti-, Cr-содержащих минералов (фаялита, амфибола, хромшпинелидов и др.), присутствующих в обломочной части пород. В разрезе обнажения Шестаковского яра выделяются несколько таких линзовидных горизонтов, толщиной от десятков сантиметров до нескольких метров. По-видимому, выше описанные события происходили на побережье древнего бассейна неоднократно, что свидетельствует о значительных колебаниях уровня моря. Полученные результаты противоречат ранее установленному континентальному генезису илекской свиты [1]. В данном разрезе не наблюдаются классические аллювиальные ритмы, отсутствуют остатки корневой системы древних растений, редко встречается разноразмерный углефицированный растительный детрит. В то же время зафиксированы скелетные остатки динозавров, крокодилов, черепах, рыб, птиц и млекопитающих (представителей отрядов Triconodonta и Symmetrodonta). По мнению многих специалистов, представители Symmetrodonta вымерли уже в конце юрского периода. Таким образом, отложения Шестаковского яра, вероятно, формировались не в меловом, а в юрском периоде в мелководно-морских условиях. Согласно схеме фациального районирования, здесь должна выделяться тяжинская свита (мощностью 40-160 м), описанию которой, в целом, соответствует изученный разрез. С этой точки зрения юго-восток Западной Сибири следует считать колыбелью пситтакозавров, заселивших в раннем мелу территорию Центральной Азии.

ЛИТЕРАТУРА

1. Хлонова А.Ф., Папулов Г.Н., Пуртова С.И., Стрепетилова В.Г. Неморской мел Западной Сибири // Континентальный мел СССР. – Владивосток.: ДВО АН СССР, 1990. – С.62–75.

Волкова Л. А.

к.и.н., доцент, ФГБОУ «Глазовский государственный педагогический институт им. В.Г. Короленко»

«ЧТО ДЕЛАТЬ ДУХОВЕНСТВУ?» – ОБ УЧАСТИИ СЕЛЬСКИХ СВЯЩЕННИКОВ ВЯТСКОЙ ЕПАРХИИ В РУССКО-ЯПОНСКОЙ ВОЙНЕ 1904–1905 ГГ.

Статья выполнена при финансовой поддержке Минобрнауки РФ в рамках научно-исследовательского проекта «Дальний Восток стал для нас очень близким»: Вятская губерния в годы русско-японской войны (1904-1905 гг.). (Исследование, закономерностей и особенностей деятельности региона в условиях войны)». Регистрационный номер 6.5655. 201.

Современная региональная историография богата исследованиями многовековой истории Русской Православной Церкви. Однако некоторые ее страницы по-прежнему требуют дополнительной разработки, конкретизации, (иной раз – уточнения и исправления). В частности, это касается славных страниц участия вятской церкви в лице её архипастырей и приходского священства в русско-японской войне 1904–1905 гг. Всеобъемлющее по фактологическому изложению исследование истории вятского духовенства на протяжении более чем трехсот лет, изданное под названием «Очерки истории Вятской епархии», как и Журнал Московской Патриархии к сожалению, уделяют мало внимания этому вопросу, сосредоточившись в основном на изучении проблем духовенства и революционных потрясений 1905–1907 гг. [1]. Между тем, краеведческие труды могли бы существенно дополнить информацию о посильном вкладе духовенства в победу над врагом. Этот вклад выражался в непосредственном участии вятских священнослужителей на поле брани, а более всего, - в организации местными церквями благотворительной и попечительной помощи семьям ратников на протяжении военных действий и по возвращении их домой, в организации лечения раненых воинов. Чтение приходскими священниками молитв о даровании победы над врагом, совершение напутственных молебствий ратникам и сестрам милосердия, отправлявшимся на Дальний Восток, по словам очевидцев, оказывали психологическую помощь, поднимали моральный дух и укрепляли веру в победу [2, 35]. Именно приходские священники лучше государственных чиновников знали реальную жизненную ситуацию той или иной приходской семьи. Как справедливо отметил владыка Филарет, переведенный из викарного Глазовского епископа в архиерея Вятского в самый разгар войны, приход, по сути, является «автономной (или самодеятельной) православной общиной, сгруппировавшейся около храма» [3, 280]. Следовательно, на местного священника возлагалась практическая обязанность выполнения циркуляра Министерства внутренних дел от 15 августа 1904 года об организации губернских и уездных комитетов по призрению семейств нижних чинов военнослужащих. Он ориентировал участие местного духовенства к сбору сведений о положении семей, оставшихся без попечения глав семей и претендующих на государственное пособие, а также к «привлечению пожертвований на дело призрения означенных семей» [4, 29].

В официальном печатном органе Вятской епархии «Вятских епархиальных ведомостях» регулярно публиковались размышления, письма, корреспонденции, свидетельствующие об отношении приходских церковно-и священнослужителей к своим обязанностям. Так, в письме, сформулированном вопросом «Что делать духовенству?», один из сельских батюшек предлагает следующий ответ: необходимо немедленно и обязательно во всех приходах открыть церковно-приходские попечительства. Причины, приведшие автора письма к этому выводу, следующие: «1) число несчастных в нашем отечестве, раненых, вдов, сирот, настоящая слишком тяжелая война на Дальнем Востоке увеличила настолько, что не найдется селения, где бы не требовалось оказать немедленную помощь несчастным; 2) для всех детей необходимо образование, но не все имеют возможность без посторонней помощи обучаться в начальных школах, а тем более в высших учебных заведениях, куда желательно бы представлять и бедных детей, одаренных выдающимися способностями; 3) благотворительность при православных церквах может служить прекрасным выражением заповеди о любви, данной верующим Самим Спасителем» [5, 999].

Духовные учебные заведения епархии откликнулись на Высочайше утвержденные правила Алексеевского главного комитета по призрению детей лиц, погибших в войну с Японией (от 12 июля 1905 года). Следуя им, Сарапульское духовное училище определило количество вакантных мест и стипендий сиротам, разрешило приходить на занятия т.н. вольноприходящим, совместно с уездным земским собранием внесло решение о вспомоществовании тем учащимся, у которых размер стипендии от Комитета меньше, чем размер вспомоществования. Такие же решения принимались Вятской духовной семинарией и Елабужским женским епархиальным училищем. Так, ректор семинарии архимандрит Василий сообщил в Консисторию о том, что воспитанник 2-го класса семинарии Покровский Василий принят на полное казенное содержание. [6, д. 1467, л. 39]. Выполняя Постановление Святейшего Синода от 3 мая 1904 г. о размещении в учреждениях духовного ведомства больных и раненых воинов из действующей на Дальнем Востоке армии, Сарапульское духовное училище выделило общежитие в каникулярное время для размещения раненых воинов, привезенных с Дальнего Востока [7, д. 1450, л. 15-16.].

Не лишним будет оценить деятельность высших представителей епархии. Как известно, епископом Вятский и слободской Никоном в самом начале русско-японской войны был организован сбор пожертвований не только деньгами, но вещами. Откликнувшись на его призыв, члены приходских клиров и их паств с декабря 1904 по август 1905 г. собрали денежных средств на сумму 2345, 18 руб. Кроме того, по подсчетам М.Г. Нечаева, в Духовную Консисторию от духовенства, церквей, монастырей и церковно-приходских попечительств поступили на санитарные нужды, на содержание и лечение раненых и больных воинов, в пользу семейств убитых воинов, на усиление военного флота, и другие нужды военного времени 23927, 59 руб. [8, 181]. Как правило, епископы являлись почетными членами уездных и губернских Попечительств. Владыка Михей, Сарапульский викарий, также не остался безучастным к призыву помочь государству и армии в войне с японцами. При его содействии и материальной помощи в уездном городе Сарапуле был устроен лазарет для лечения раненых солдат [9].

Викарный епископ Павел, будучи почетным членом Глазовского уездного попечительства, активно продвигал создание в уезде центрального сиротского приюта для крестьянских сирот. Число сирот значительно возросло в связи с мобилизацией их отцов на войну. Известно, что только из Глазовского и Сарапульского уездов Вятской губернии в общей сложности было мобилизовано около 9 тыс. ратников. С утверждением 6 июня 1905 г. Ходатайства об учреждении в Ведомстве учреждений императрицы Марии детского приюта, среди жителей Глазовского уезда начался сбор денежных средств, которых собрали около двух тыс. руб. Место для строительства Озоно-Чепецкого приюта было определено на территории казенной дачи, участка в пять десятин. Сбор средств затянулся надолго, и лишь 11 марта 1907 года приют был торжественно открыт для 40 детей. Располагался он почти в центре уезда, в д. Озон Поломской волости, недалеко от ст. Чепца Пермь-Котласской железнодорожной линии. Главное здание и хозяйственные постройки заняли 1900 кв. сажен, огород и пасека заняли 2100 кв. сажен и 3 с четвертью сажени осталось под лесом. Непосредственное управление приютом осуществляли директор, его помощники и смотрители. Директором приюта в 1907–1908 годах являлся Иван Васильевич Алфимов, гласный уездного земского съезда от крестьян. Ему помогал врач В.А. Чемоданов. [10].

Все вышесказанное позволяет констатировать факт активного участия священнослужителей Вятской земли в русско-японской войне 1904–1905 гг. Их участие заключалось, прежде всего, в организации благотворительности и вспомоществования семьям участников войны. Утешительным словом, молитвами о благословении и личными средствами в виде денежных средств, вещей, помощи в ведении хозяйства приходские священники пытались сохранить в душе народа веру в добро и победу над врагом.

Литература и источники

1. См. Очерки истории Вятской епархии (1657 – 2007): 350 лет Вятской епархии / под общ. ред. митр. Вятского и Слободского Хрисанфа. Вятка, 2007. 640 с.; Вятская епархия в прошлом и настоящем. [Электронный ресурс]. URL: http://www.srcc.msu.su/bib_roc/jmp/07/08-07/04.htm (дата обращения: 02.04. 2013).

2. Волкова Л.А. Благотворительность в Вятской губернии в годы русско-японской войны 1904–1905 гг. // Исторические, философские, политические и юридические науки, культурология и искусствоведение. Вопросы теории и практики. 2013. № 2 (28). Ч. 1. С. 33–36.

3. Очерки истории Вятской епархии.

4. Прибавления к «Церковным ведомостям». 1905. 1 января.

5. Вятские епархиальные ведомости, 1905. № 18. С. 999. [Электронный ресурс]. URL: http://www.herzenlib.ru/vev_1905_18_02u.pdf - Foxit Reader 2.0 – [vev_1905_18_02u.pdf] (дата обращения: 29.03.2013).

6. Управление по делам архивов администрации МО «Город Сарапул». Ф. 5. Оп. 1.

7. Там же.

8. Нечаев М. Г. Благотворительная деятельность духовенства Вятской епархии в годы русско-японской войны // Церковь в истории и культуре России: сб. материалов международной научной конференции (г. Киров (Вятка), 22–23 октября 2010 года). Киров, 2010. С. 180–182.

9. Памятная книжка Вятской губернии и Календарь на 1905 год [Электронный ресурс]. URL: http://www.herzenlib.ru /vpeb/download.php?ID=12348&TYPE=newspaper1905_PK_Vytskoy_gub.pdf -Foxit Rider 2.0 [1905_PK_Vytskoy_gub.pdf] (дата обращения: 27.09.2012).

10. Центральный государственный архив Удмуртской Республики Ф. 139. Оп. 1; См. также: Отчет о состоянии Озоно-Чепецкого сиротского приюта Ведомства Учреждений Императрицы Марии и деятельности Глазовского уездного попечительства по отношению к этому приюту за 1908 год. Вятка, 1909; Вятские епархиальные ведомости, 1905. № 18. С. 999. [Электронный ресурс]. URL: http://www.herzenlib.ru/vev_1905_09_18u.pdf - Foxit Reader 2.0 – [vev_1905_09_18u.pdf] (дата обращения: 29.03.2013).

Дюкарев В.А.
аспирант НИУ Белгородский государственный университет, Исторический факультет, Белгород, Россия
E-mail: djukarev.vl@mail.ru

ТРУД В АРХАИКЕ: СПЕЦИФИКА ЦЕННОСТНОГО СТАТУСА КАТЕГОРИИ

В современной эпистемологической парадигме традиционный взгляд на культуру как на совокупность достижений в области искусства, науки и образования оказался дополненным восприятием ее как совокупности исторически обусловленных форм отношения человека к природе, обществу и самому себе. Возникла потребность прочтения исторического процесса в категориях социальной психологии, обыденного сознания, повседневности и быта [3, 123]. И в социально-экономической сфере производственные отношения все чаще рассматриваются в их связи с межличностными, с системой ценностей, с внеэкономическими результатами человеческой деятельности.

Будучи убежденными в диалектической взаимосвязи социально-экономического и этико-психологического развития древнегреческого общества, считаем целесообразным начать изучение формирования ценностного статуса категории труд с архаического периода. Именно в VIII в. до н.э. в Греции происходит экономический переворот. Начинается интенсивное развитие ремесла и торговли, особенно морской. Разделение труда способствует количественному росту и усилению значения ремесленников и торговцев, моряков. Социально-прагматический характер исследуемой категории означает, что именно такие изменения социальной организации, происходящие на фоне значительных преобразований в экономической жизни греков, способствуют трансформации представлений древних греков о ценности отдельных видов труда [1, 14].

Важным изменением экономической жизни древних греков исследуемого периода становится увеличение доли рабского труда в производстве. Неверно полагать (особенно для VIII-VI вв. до н.э.) что граждане лишь сидели, сложа руки или занимались только общественными делами, а всю работу, весь производительный труд перекладывали на плечи рабов. Праздные граждане, занятые только политикой, в то время как за них всю работу производят рабы, — это, быть может, и являлось своего рода идеалом для некоторых философов. Но действительность выглядела совсем иначе.

Положение мелких собственников еще в VIII в. до н.э., пока экономика страны основывалась на натуральном хозяйстве, было достаточно стабильным [2, 66]. До начала процесса обезземеливания крестьян еще три столетия, отсутствует крупное землевладение. Однако и в IV в. до н.э. в деревнях, на фермах, даже в больших владениях удельный вес рабского труда незначителен. На протяжении всего рассматриваемого периода земельные участки обрабатывались самим крестьянином вместе с семейством; само собой имелось еще несколько рабов и батраков — последних нанимали во время пахоты, на уборку урожая и сбор винограда:

А после того как
Кончишь работу и дома припасы готовые сложишь,
Мой бы совет - батраком раздобудься бездомным да бабой,
Но чтоб была без ребят!

(Hes. WD, 609)

Обезземеливание крестьян способствовало снижению необходимости использования рабского труда в хозяйстве в течение всего года. Мелкий крестьянин уже был не в состоянии содержать несколько рабов. Он довольствовался одним или двумя рабами на все работы. Впрочем, уход за оливковыми деревьями и виноградниками требует тщательных забот - мелкий собственник предпочитал, насколько он был в силах, ухаживать за ними сам. Поэтому рабский труд не получил широкого распространения в сельском хозяйстве [5, 117].

Наиболее ранним и крупным источником исследуемого периода является поэма «Труды и Дни» Гесиода. Написанная на рубеже VIII-VII вв. до н.э., она представляет значительный интерес для определения ценности труда в жизни древнего грека архаического периода. Поэма повествует о жизни самого автора и его брата Перса, путем обмана получившего большую часть наследства полагаемого Гесиоду. Несправедливый путь, на который встал Перс и который явился причиной его бед - это путь зла. А какой же путь был бы правильным? Трудный путь добродетели, который есть в то же время добродетельный путь труда — таков ответ Гесиода:

Путь не тяжелый ко злу, обитает оно недалеко.
Но добродетель (αρέτη) от нас отделили бессмертные боги
Тягостным потом: крута, высока и длинна к ней дорога
(Hes. WD, 288—290).

За словом, переведенным В. Вересаевым как добродетель, в греческом оригинале стоит αρέτη, — та самая αρέτη, которую Н. Гнедич в «Илиаде» перевел как доблесть [4] и которая являлась центром системы ценностей гомеровских героев. Если для Гомера добродетель выступает, прежде всего, как воинская доблесть, то Гесиод отождествляет ее с трудом в поте лица:

Боги и люди на тех негодуют, кто праздно
Жизнь проживает, подобно безжальному трутню, который
Сам не трудится, работой питается пчел хлопотливых
(Hes. WD, 303—305).

Таким образом, Гесиод ставит труд и, в первую очередь, земледелие на лидирующее место в иерархии социальных ценностей греческого социума. В начале VII в. до н.э. положение свободных земледельцев было достаточно благополучным и возможность достижения благополучия автор видит лишь в упорном труде:

> Но тебе ничего я
> Больше не дам, не отмерю: работай, о Перс безрассудный!
> Вечным законом бессмертных положено людям работать.
>
> (Hes. WD, 396-399).

Гесиод абсолютно не дифференцирует ценностный статус отдельных видов труда. Ремесленным трудом у него занимаются даже боги. Особенно ярко данная характеристика проявляется при исследовании используемой автором терминологии. В качестве обозначения любого вида труда Гесиод использует только один, причем самый аморфный и общий термин – ἔργον – обозначающий труд в самом широком смысле слова. Гесиод не использует распространенных в классический период и определяющих ценностный статус труда обозначений земледельцев (γεωργος) и ремесленников (βάναυσος). Все это, на наш взгляд свидетельствует о нерасчлененности ценностного статуса труда в глазах поэта. Для него ценен сам труд и его результаты, а не отдельные его виды.

Литература

1. Михайлова Т.М. Труд: опыт социально-философского изучения. М.: Academia, 1999.

2. Carter L.B. The Quiet Athenian. - Oxford: Clarendon press, 1986.

3. Finley M.I. Was Greek civilization based on slave labour / The slave economies / Ed. by Eugene D. Genovese. New York: Wiley and sons Inc., 1973

4. Liddell, H. G., Scott, R. A Greek-English Lexicon. Oxford: Clarendon Press, 1940.

5. Walcot P. Greek Peasants, Ancient and Modern: A Comparison of Social and Moral Values. - New York: Barnes & Noble, Inc., 1984.

Коноплева Н.А.[1], **Метляева Т.В.**[2], **Ткаченко Е.В.**[3], **Карабанова С.Ф.**[4];
Konopleva NA[1], Metlyaeva TV[2], Tkachenko EV[3], Karabanova SF[4];
Кандидат культурологии, доцент; кандидат культурологии; старший преподаватель; кандидат исторических наук, профессор; Владивостокский государственный университет экономики и сервиса;
The candidate of cultural science, the senior lecturer; candidate of cultural science; the senior teacher; the candidate an ist. sciences, professor; Vladivostok state university of economy and service

ТЕОРЕТИКО-МЕТОДОЛОГИЧЕСКИЕ ОСНОВАНИЯ КРЕАТИВНЫХ ТЕХНОЛОГИЙ В СЕРВИСЕ
TEORETIKO-METODOLOGICHESKIE OF THE BASIS OF CREATIVE TECHNOLOGIES IN SERVICE

В статье рассматриваются основные научные подходы к пониманию креативности, обосновывается взаимосвязь креативности с одаренностью, способностями, интеллектом. Анализируются подходы к креативным технологиям в сервисе. Материалы могут быть использованы в образовательном процессе и в практической деятельности специалистов по сервису.

The article the main scientific approaches to understanding of creativity are considered, the interrelation of creativity with endowments, abilities, intelligence locates. Approaches to creative technologies in service are analyzed. Materials of article can be used in educational process of bachelors of the Service direction and for professional activity of experts of the same area.

*Ключевые **слова:** творчество, одаренность, способности, сервисные креативные технологии*

Key words: *creativity, endowments, abilities, service, creative technologies*

Количественный и качественный рост непроизводственных сфер деятельности, ориентированных на оказание услуг в современной России актуализирует проблему исследования креативных технологий в сервисе, способствующих успешной реализации товаров и услуг в ситуации сервисизации экономики. К креативным услугам можно отнести услуги управленческой, финансово-кредитной, банковской, бизнес деятельности, фундаментальных, точных, естественных, гуманитарных наук, образования, искусства, культуры и др. [3,38-40]. Это литературные, музыкальные, кинематографические, телевизионные, интернет проекты, дизайн-технологии, компьютерные игры, образовательные технологии и многое другое. Причем успех креативного товара как любого другого товара или услуги основывается на необходимости удовлетворения потребительских ожиданий, эмоциональных, духовных, эстетических и др. потребностей клиентов.

Креативные технологии, основанные на использовании креативных идей, нестандартного мышления, метода парадоксов, «сознательного бреда», необычных ассоциаций, символов, метафор, смены перспектив, методов бренд-манифеста, мозгового штурма, пинг-понга и др. могут присутствовать практически во всех направлениях сервиса.

В западных странах все инновационные тенденции формируют корпус совершенно новых технологий (High-humy) опережающего воздействия на рынок, адекватных реалиям информационного общества в противовес High-tech. Креативные технологии High-humy отличаются изменчивостью и адаптивностью к условиям среды.

Как отмечает Р. Флорида потребность в креативности отражается в формировании нового класса людей, который он называет креативным. Его ядро представлено теми, кто занят в научной, технической сфере, архитектуре, дизайне, образовании, искусстве, индустрии развлечений. В России по данным этого исследователя около 13 млн. представителей креативного класса [12,22-24, 90-91]. Вместе с тем российские эксперты центра проблемного анализа и государственно-управленческого проектирования критически осмысливают данное понятие (В.Э. Багдасарян, В. Н. Лексин, С.С. Сулакшин). Так В.Э. Багдасарян считает, что разделение всех людей на креативных и некреативных – это определенный вызов всему человечеству, в свою очередь, В.Н. Лексин полагает, что к этой группе людей надо отнестись серьезно, а С.С. Сулакшин обосновывает, что изобретение новых научных теорий связано с людьми, занятыми не в материальном производстве, а в сервисных сферах деятельности и вызвано необходимостью придания позитивистской окраски новому группированию людей, склонных к социальному паразитированию: биржевиков, инвесторов [5].

Вместе с тем, необходимость в креативных подходах к сервису обусловливается тем, что сервисные организации могут сталкиваться с ситуациями, когда работа заходит в тупик и нет надежд на саморазрешение ситуации, нет особенностей в продукте их деятельности, отличающих товар или услугу от подобных. В таких случаях нужен сильный толчок, источником которого может быть креативная личность.

В связи с этим современная сервисная деятельность востребует одаренную личность, обладающую способностью к креативности, личность для которой характерна устойчивая высокого уровня направленность на творчество, мотивационно творческая активность, проявляющаяся в органическом единстве с высоким уровнем творческих способностей, позволяющих ей достигнуть прогрессивных, культурно и личностно значимых творческих результатов в одном или нескольких видах деятельности. Обширный объем научных российских и зарубежных исследований креативности показывает присутствие, способностей к творческой деятельности у личностей, обладающих определенным уровнем интеллекта, а также множеством других природных и социокультурных характеристик, отличающих эту личность от тех, кто не обладает креативностью.

В истории исследований одаренности сложились четыре основные концепции: отождествление одаренности с высоким уровнем развития интеллекта (А. Бине, У. Штерн, Г. Айзенк, Д. Векслер, Л. Термен, Р. Уайсберг, Р. Стернберг и др.); понимание одаренности как высокого уровня развития когнитивных процессов (Г. Мюнстерберг, Г. И. Россолимо, В. Меде, У. Штерн, Д. Келли и др.); рассмотрение одаренности в контексте дифференциальной психологии и выделение в связи с этим общих и специальных способностей (Б. М. Теплов, Н. С. Лейтес, В. Д. Небылицын, Э. А. Голубева, В.А. Крутецкий и др.); соотношение одаренности с высоким уровнем креативности (Дж. Рензулли, Дж. Гилфорд, Е.П. Торренс и др.).

В свою очередь научное обоснование креативности затрудняется тем, что феноменология творчества обширна и неоднородна. Исследователи, пытаясь выделить интегральную личностную характеристику, обусловливающую высокие творческие результаты человека, предложили ряд факторов: «плодотворную ориентацию личности», как способ отношений во всех сферах человеческого опыта, человеческую способность реализовать свои силы как «Творца» (Э. Фромм); «творческий потенциал» (П. Кравчук), «активность, как генеральный фактор одаренности» (Н. Лейтес, Д.Б. Богоявленская); «проблемность», как основной структурный компонент одаренности (Н. Поддъяков); «творчески-эстетическую детерминированность личности» (В. Ражников) «креативность» как генеральную черту творческой личности (К. Мартиндейл) [8].

Представители гуманистического направления в психологии (А. Маслоу, К. Роджерс, Н. Роджерс, Т. Эмэбайл и др.) связывали креативность с самоактуализацией личности, творчество они рассматривают как образ жизни, а человека как ее творца (Г. Олпорт, К. Роджерс, Р. Мэй, В. Франкл и др.).

В российской научной мысли креативность рассматривается как комплексная личностная категория (Д.Б. Богоявленская, А.В. Брушлинский, В.Н. Дружинин, А.Н. Лук, Л.Б. Ермолаева-Томина, Я.А. Пономарев И.Я. Лернер, В.Н. Пушкин, В.Д. Шадриков и др.). Исследователи отмечают, что в любом мыслительном процессе сплетены продуктивные и репродуктивные компоненты. Но в отечественной психологии подход к творческому мышлению основывается на понимании его как продуктивного (Д.Б. Богоявленская, В.Н. Дружинин, Я.А. Пономарев и др.) [1, 328-348].

Ряд исследователей рассматривают креативность как самостоятельный фактор, не зависящий от интеллекта (Дж. Гилфорд, Е.П.

Торренс, Л. Терстоун, К. Тэйлор, Г. Груббер, Я.А. Пономарев, Д. Векслер, Э. де Боно и др.).

Другие же ученые, наоборот считают, что креативность входит в качестве составного элемента в структуру интеллекта (М. Волах, Н. Коган, Д. Векслер, Р. Уайсберг, Л. Термен, Ч. Спирмен, Р. Кэттелл, Г. Дж. Айзенк, К. Кокс, Р. Стернберг и др.). Так, существует точка зрения, что высокий уровень развития интеллекта предполагает высокий уровень творческих способностей и наоборот (Д. Векслер, Р. Уайсберг, Г. Айзенк, Р. Стенберг). Согласно инвестиционной теории креативности (Р. Стернберг и Т. Любарт, 1995), для нее особенно важны следующие составляющие интеллекта: синтетическая способность – новое видение проблемы, преодоление границ обыденного сознания; аналитическая способность – выявление идей, достойных дальнейшей разработки; практические способности – умение убеждать других в ценности идеи.

Вместе с тем А. Танненбаум, А. Олах, А. Маслоу, Д.Б. Богоявленская считают, что главную роль в детерминации творческого поведения играют мотивация, ценностные ориентации и личностные черты.

Если же говорить о зависимости интеллекта и креативности, то следует обратить внимание на данные исследователей о взаимосвязи уровня интеллекта с творческими проявлениями. Так у людей «среднего ума» интеллект и творческие способности обычно тесно связаны друг с другом. Лишь, начиная с IQ = 120 пути интеллекта и творчества расходятся (Dg. Getzels, P. Jackson, 1962). Вместе с тем некоторые исследователи склонны подразделять детей, выделяя среди них группу с высокими когнитивными способностями, которую обозначают как интеллектуально одаренных, в отличие от группы детей с высокой креативностью (творчески одаренные). Но при этом признается возможность пересечения групп: часть детей, показывает высокие результаты как интеллектуального, так и творческого развития.

Дальнейшие исследования связи интеллекта и креативности привели к выводам, что креативность независима от интеллекта, так как большинство испытуемых с высоким интеллектом имели низкую креативность. Однако самые яркие креативные испытуемые имели достаточно высокие показатели по IQ (Дж. Гетцельс, П.Джексон, Ж.Флешер и др.). Результаты исследований Д. Мэкиннон, К. Ямамото и др. позволили сделать вывод, что креативность и интеллектуальность связаны до определенного уровня, выше которого креативность является независимой переменной. Эта концепция получила название «теория порога» или «теория ветвления».

Казалось бы, модель «интеллектуального порога» получила явное подтверждение. Но результаты исследований Н. Когана и М. Воллаха опровергли теорию «нижнего» порога. Н. Коган и М. Воллах модифицировали процедуру тестирования: сняли временной лимит, оказались от показателя «правильности», устранили момент соревновательности. В итоге факторы креативности и интеллекта оказались независимыми.

Таким образом, креативность, как отмечалось ранее, не то же самое, что высокий уровень интеллекта. Расположенность к творчеству означает, прежде всего, особый склад личности. Мотивация деятельности выступает в этом случае как сложная динамичная система.

Уже в 60-х гг. XX в. толчком к выделению понятия креативность послужили сведения об отсутствии связи между интеллектом и успешностью решения проблемных ситуаций. Важным этапом в изучении креативности послужили работы Дж. Гилфорда, выделившего конвергентное (логическое, однонаправленное) и дивергентное (идущее одновременно в разных направлениях, отступающее от логики) мышление [2, 433-456]. Такой тип мышления Дж. Гилфорд, Н. Марш, Л. Кронбах, Е. Торренс назвали креативностью и стали изучать ее независимо от интеллекта. Концепция С. Медника, поддерживающего подходы к креативности Дж. Гилфорда, характеризуется тем, что при наличии проблемы ее решение осуществляется с помощью дивергентного мышления, когда поиск идет в разных направлениях семантического пространства, отталкиваясь от содержания проблемы. Но при этом конвергентное мышление увязывает все элементы семантического пространства, относящиеся к проблеме, воедино, находя единственно верную комбинацию этих элементов. То есть С. Медник полагает, что в творческом процессе присутствует как конвергентная, так и дивергентная составляющие. Суть креативности, по С. Меднику, не в особенности операций, а в способности преодолевать стереотипы на конечном этапе мыслительного синтеза и в широте поля ассоциаций.

Таким образом, креативность – интегративное качество психики человека, которое обеспечивает продуктивные преобразования в деятельности личности. Причем, креативная личность отличается от других людей целым рядом особенностей: когнитивных (высокая чувствительность к субсенсорным раздражителям; способность воспринимать явления в определенной системе; память на редкие события; развитые воображение и фантазия; развитое дивергентное мышление как стратегия обобщения множества решений одной задачи и др.); эмоциональных (высокая эмоциональная возбудимость); мотивационных (потребность в понимании, исследовании, самовыражении и самоутверждении, потребность в автономии и независимости); коммуникативных (инициативность, склонность к лидерству, спонтанность).

Согласно синтетическому подходу, интеллектуальные, личностные и социокультурные факторы признаются одинаково значимыми для креативности. Опираясь на мнение В.Н. Дружинина и Е.Л. Яковлевой, условно можно выделить три основных направления в изучении креативности: когнитивное (Дж. Гилфорд, Е. Торренс, С. Медник, Э. де Боно, М. Рорбах, А. Ротенберг, Р. Мэй, В.Н. Дунчев, М.Л. Холодная и др.); личностное (К. Тэйлор, К. Кокс, Э. Роу, К. Роджерс, Н. Роджерс и др.); синтетическое (Ф.Дж. Раштон, Дж. Рензулли, Дж. Фельдхьюзен, А. Танненбаум, Р. Стернберг, С. Каплан, А. Хеллер, Д.Б. Богоявленская и др.). Представители обобщающего подхода в российской научной мысли рассматривают креативность как интегративное целостное свойство личности (В.Н Дружинин, В. Н. Козленко, Л. Б. Ермолаева-Томина, Н. В. Гнатко и др.).

Исследование психологических особенностей творческой личности показали, что креативным людям свойственны общительность, дружелюбие (К. Тэйлор), но при этом склонность к автономии (Ф. Бэррон, Е. Торренс, К. Тэйлор, Д. Мак Киннон и др.), критичность к своим и чужим недостаткам (М. Ксикзентмихалий). Независимо от возраста и направленности интересов они отличаются развитым чувством индивидуальности, нонконформизмом, восприимчивостью к новому (К. Роджерс, А. Олах, В. Ротенберг, Л. Колесов, Е. Соколов и др.), высокой толерантностью к неопределенным ситуациям, гибкостью мышления (Е. Торренс), отсутствием почтения к условностям и авторитетам (К. Тейлор), эмоциональностью, развитым эстетическим чувством (А. Олах, Х. Швет), стремлением к самосовершенствованию (Т. Амабайл, М. Коллинз, А. Маслоу), преобладанием внутренней мотивации (М. Коллинз, К. Мартиндейл, Т. Амабайл), слабой социализацией (Д. Мак Киннон), детскостью (В. Пятрулис, М. Ксикзентмихалий, Р.Б. Хайкин и др.) [7]. Е. Торренс обнаружил, что у них имеется большое количество качеств, базирующихся на доминировании эмоции агрессии: стремление к превосходству, к независимости, радикализму. Творческие возможности связаны с такими агрессивными чертами, как напористость, упрямство.

Дж. В. Гилмор особенно подчеркивает среди личностных характеристик творческой личности высокий уровень собственного достоинства.

В наборе качеств обнаружились также гендерные различия, которые ученые назвали условно дисциплинированной эффективностью, включая сюда самоконтроль, потребность в достижении и чувстве благополучия. Причем более высокие качества по этим показателям выявлены у творческих юношей. П. Вайнцвайг отмечает, что творчество требует мужества, осознанности, самоконтроля и уверенности в себе. Вместе с тем, Р. Б. Хайкин отмечает такие качества, как высокая тревожность и плохая адаптационная способность творческих людей к социальной среде, невротизм.

Д. Ландрам, проводивший исследование творчески одаренных личностей, мужчин и женщин, выделяет у тех и других семь ключевых личностных качеств, необходимых для успешной реализации в творчестве: обостренная интуиция; самоуважение, самоуверенность; склонность к риску, безрассудство, новаторство; независимость, мятежный дух; несгибаемая воля, граничащая с одержимостью (Ч. Ломброзо, де Тур Моро, Р.Б. Хайкин и др.); чрезвычайная работоспособность; упрямство, упорство, бунтарский дух [8]. Рассмотрев основные подходы к исследованию креативности, мы убедились, что существует неоднозначность в понимании сущности самого явления креативности. Одни исследователи выделяют креативность как самостоятельный фактор, другие, - рассматривают ее в зависимости от уровня интеллекта. Кроме того, исследования креативности опираются либо на личностные параметры, либо когнитивные, что приводит к одностороннему пониманию явления. Нами отмечено, что психофизиологические и социокультурные особенности одаренных детей, независимо от гендера, имеют 25 основных характеристик [6]. Учитывая своеобразие, которое свойственно женскому полу, с точки зрения его биологии (филогенетическая ригидность, онтогенетическая пластичность), а также основные психологические проявления, исторически приписываемые женской модели поведения и женственности нами обосновывается, что женское творчество, направляемое природными особенностями женщины, будет приводить к достижениям в конкретной деятельности, отвечающей запросам современности и приспособленным к требованиям культуры [6].

Вместе с тем такие мужские качества, как способность направлять интересы на далекие цели, стремление к новому, неизведанному, а также биологическое своеобразие мужского пола, состоящее в филогенетической изменчивости, вне всякого сомнения, являются объективными источниками творчества, служащего новым эпохам. Мы установили, что условием успешной творческой деятельности, как мужчин, так и женщин, является, в основном, наличие у них психофизиологических особенностей, исторически приписываемых мужскому полу, таких, как склонность к риску, независимость, мятежность, новаторство, самоуверенность, несгибаемая воля, упрямство, бунтарский дух. Вместе с тем многие исследователи считают необходимыми для творчества такие стереотипно женские проявления, как интуиция, чувственность, эмоциональное мышление.

Кроме того, следует отметить, что современные представления о значении общества и культуры для творческого процесса и их влиянии на развитие творческой личности разнообразны, но при этом большинство исследователей указывают на социокультурную обусловленность творческого процесса. Так, трехуровневая теория креативности М. Ксикзентмихалий объединяет: 1) личность; 2) сферу таланта; и 3) окружающую среду (социальные институты, эксперты или общество). М. Ксикзентмихалий считает, что без экспертов и общества человек и результат его деятельности просто не распознаются и не считаются творческими [8]. Эту теорию развили и дополнили Г. Гарднер, говоривший о том, что для истинной креативности необходимы не только талантливый человек, область или дисциплина, внутри которой работает индивид, но и окружающий мир (эксперты, институты), делающие выводы о качестве творения и Д. К. Симонтон, отмечающий, что для становления креативности личности необходимо произвести впечатление на общество. О дополнительном факторе становления креативной личности говорит М. Родес, отмечая, что общество должно находиться на достаточно высоком уровне развития культуры, чтобы быть способным адекватно оценить представленный творческий продукт или идею [8].

Креативность как способность к творческому решению проблем, новым, не стандартным подходам ценится в любых сферах деятельности: науке, искусстве, политике, сервисной деятельности.

Значимыми сферами сервиса, востребующими необходимость креативных личностей и разрабатываемых ими креативных технологий, является реклама, PR, маркетинг, дизайн, web-разработки. На стыке этих ресурсов находятся консалтинговая и управленческая сферы. Креативные стратегии продвижения товаров и услуг интегрированы в психологию потребителя, не укладывающуюся в рационально-логические схемы, опираются на нерациональность, интуитивность и креативность потребительской аудитории.

Так, рекламу можно рассматривать как тактический инструмент продвижения товаров и услуг и борьбы за потребителя, а PR как стратегический инструмент продвижения, используемый для формирования и поддержания гармонии между концепцией компании, ее товарами и услугами и позиционированием того и другого на потребительском рынке. Креативность в рекламе проявляется в виде специфических, оригинальных художественных, технических, психологических приемов. В PR, кроме этого, используются политические, социальные и другие приемы воздействия на общественное мнение. То есть продукт PR-креатива является посредником между компанией/ее продукцией и обществом/целевой аудиторией потребителей. Причем понятие технологии в рекламе можно отнести как к текстовой части рекламного объявления, так и к его художественной части, так как задача обеих частей рекламы привлечь внимание, вызвать интерес, усилить желание потребителя и побудить его к действию. В связи с этим креативные технологии в рекламе должны быть ориентированы на законы, правила и тонкости потребительской психологии. При этом используются такие приемы как «вырывание» вещей из привычного смыслового ряда и контекста восприятия; «выворачивание» известной ситуации; выстраивание нового смыслового ряда, обыгрывание обычного; помещение известных персонажей в новые условия; создание вымышленных персонажей; использование карт Проппа, изложение информации «задом-наперед» и проч. Кроме того, в сервисной деятельности имеет значение использование апробационно-поисковых деловых игр. Причем в технологии организации деловых игр необходим ряд условий: приостановка критического анализа; генерирование большого количества идей, использование техники «мозгового штурма», синектики, метода эвристического мышления; структурирование собранной информации; комбинирование разнородных элементов; поддержка нестандартного мышления и мышления от желаемого будущего к настоящему, а не от фактов. При этом можно использовать метод У. Диснея – трех мыслительных стульев с проигрыванием трех ролей: мечтателя, реалиста, критика и креативный метод Р. Киплинга.

Креатив-маркетинг основывается на исследовании креативных предпочтений целевой группы, их сопряженности с социокультурными стереотипами, диктующими типы поведенческого реагирования и мотивационные факторы потребления в ответ на визуальные, семиотические, смысловые, звуковые коды. Затем определяются мотивы, при которых потребитель приобретает товар или услугу, т.е. определяется «мотивационный порог целевой аудитории». В дальнейшем, опираясь на проведенные исследования, разрабатывается маркетинговая креативная стратегия программы продвижения марки, бренда, продукта или услуги.

Как отмечает А. Двоскин, маркетинговая креативная стратегия должна строиться по модульному принципу и содержать три основные программные линии: консервативную; аффективную и комбинированную. В каждой линии генерируются три блока: смысловой, текстовый и звуковой блок контента (статьи для прессы, слоганы, обращения, пресс-релизы, сценарии аудиороликов и проч.); визуальный, сюжетный и колористический блок (модели плакатов, цветовых рядов, логотипов, сценарии видеороликов и т.д.); динамический и технологический блок (особенности организации продаж, оформления мест наибольшего спроса, промоушен акции, выставки и т. д.). В дальнейшем осуществляется анализ разработанной стратегии, с помощью тестовых мини-игр, проведения фокус групп с применением психотехнических методик. На завершающем этапе определяется креативный потенциал маркетинговой стратегии (месседж-пакета), ее влияние на мотивационный порог целевой аудитории [4].

Ч. Фрейзер, американский исследователь креативных стратегий в маркетинге и рекламе выделяет рационалистические и проекционные стратегии и относит к первым:

• родовые стратегии - описывают такие характеристики товара, которые могут быть воспроизведены любым брендом товарной категории, не выделяют товар среди конкурентных, работают лучше всего, если бренд доминирует на рынке;

- стратегии преимущества – восхваляют продукт, услуги или их пользу для потребителя; подходят для новых и развивающихся категорий товара; товар не носит уникального характера;
- стратегии уникального торгового предложения – выделяют значимые, важные, уникальные для потребителя черты продукта; подразумевает наличие уникальных свойств товара – это должно быть что-то, что конкуренты не смогли бы или не захотели повторить;
- стратегия позиционирования – при этом позиционируется продукт
или услуга с учетом товаров конкурентов;

Проекционные стратегии – это стратегии, в которых сообщение создает психологически важные отличительные черты товара и воздействует на эмоции потребителя:

- имидж бренда – при этом обосновывается превосходство товара или услуги, их отличия от подобных, базирующиеся на психологических выгодах клиента; товар становится символом определенного психологического типа человека; требует анализа психологических характеристик целевой группы и создание на их основе цельного образа для конкретной аудитории (примером может служить реклама сигарет LM со слоганом «Почувствуй вкус, объединяющий мир»);
- стратегия резонанса – показывает обстановку, ситуации, эмоции, имеющие отношение к реальному или воображаемому опыту группы потребителей; формирует совпадение идеи сообщения с образами, имеющимися у потребителей. Основное отличие этой стратегии от создания имиджа бренда в том, что не создается связи между товаром и определенным образом человека.
- аффективная стратегия – основывается на том, что любая эмоциональная реакция прорывается через равнодушие и меняет восприятие продукта, должна вызвать у клиентов эмоции и соучастие. При этом часто используется юмор и другие приемы, способствующие возникновению эмоциональной реакции на рекламу [9]. Креативные технологии в дизайне позволяют эффективно использовать зрительно-образные приемы, методы работы с цветом и композицией (цвет, свет, контраст, статика и динамика, комбинаторика), моделировать различные формы, создавать орнаменты, стилизовать объекты, выделять элементы.

В процессе подготовки специалистов сферы сервиса также используются креативные формы обучения, такие как: тренинги различной направленности, метод «кейс-стади», деловые игры и др. В основу тренинга креативности положено несколько принципов.

1. Моделирование ситуаций новизны и неопределенности. Внешняя схожесть техник, применяемых в таком тренинге, с реальными жизненными и профессиональными проблемами сведена к минимуму. Это сделано намеренно, чтобы избежать активизации разного рода стереотипов

у участников, дать им возможность воспринять задания как принципиально новые, требующие поиска оригинального решения. Параллели между психологическими механизмами выполнения предлагаемых в тренинге заданий и способами решения реальных жизненных проблем проводятся только после окончания выполнения упражнений, на стадии обсуждения. Кроме того, инструкции выполнения предлагаемых упражнений в большинстве случаев содержат лишь обозначение целей и условий работы, но не содержат конкретных инструкций, алгоритмов ее выполнения. Это создает условия неопределенности, множественности «степеней свободы», что служит важной предпосылкой активации креативности.

2. Игровой характер взаимодействия. Большинство техник, входящих в тренинг, по внешнему содержанию являются подчеркнуто «бессмысленными», не направленными на решение каких-либо прагматических задач или актуальных жизненных проблем. От участников, собственно, и требуется на время их выполнения отвлечься от этих проблем, уподобившись играющим детям, проявить спонтанность, просто увлечься деятельностью безотносительно к тому, какую пользу она принесет. Конечно, техники подобраны таким образом, что каждая из них должна принести участникам пользу, способствовать развитию тех психологических механизмов, которые применимы в реальных условиях, а не только в игровых ситуациях. Но выяснение того, в чем именно эта польза состоит, осуществляется на стадии обсуждения.

3. Позитивная обратная связь, отказ от критики содержания работы. Соблюдение этого принципа важно по двум причинам. Во-первых, позитивная обратная связь (принятие, похвала, одобрение) создают у участников положительный эмоциональный настрой, благоприятствующий работе. Во-вторых, критические суждения в большинстве случаев вызывают у адресатов защитную реакцию и, как следствие, блокируют проявления креативности.

4. Баланс между интуицией и критическим мышлением – это баланс между право – и левополушарной активностью головного мозга. Тренинг нацелен на то, чтобы обучить участников различать и бесконфликтно разграничивать те моменты, когда более уместна опора на спонтанность и интуицию, и те, когда целесообразно критически осмыслить ситуацию.

– Постановка проблемы — критическое мышление.

– Генерация идей о способах ее решения — творческое мышление, воображение, интуиция.

– Оценка вариантов, обдумывание стратегий их воплощения — критическое мышление.

5. Ретроспективное выстраивание параллелей между содержанием занятий и жизненным опытом участников. Основная задача обсуждения каждой процедуры – дать участникам понять, какие психологические

механизмы оказались задействованы, какие умения развивались, а личностные качества активизировались и как все это связано с жизнью участников за пределами тренинга. С одной стороны, должны быть озвучены сами эти механизмы, знания, умения. Целесообразно сначала предложить участникам высказать свои мнения, а потом при необходимости обобщить и дополнить их высказывания.

6. Широкое использование средств визуальной и пластической экспрессии. Это рисунки, драматические постановки и т. д. Такие средства способствуют развитию творческого мышления и воображения, активности участников, способствуют отказу от шаблонности и стереотипов.

Руководствуясь принципом «от игры к жизни», на таких занятиях сначала формируются умения, необходимые для творческого решения жизненных и профессиональных проблем, а затем они актуализируются на материале, связанном с реальными жизненными проблемами участников.

Таким образом, в современном сервисе решающее значение для продвижения товаров и услуг имеют креативные технологии и соответственно в обществе неуклонно возрастает роль креативного типа человека, способного быстро адаптироваться к новым условиям деятельности, нестандартно решать возникающие задачи, находить неожиданные выходы из неразрешимых, на первый взгляд, ситуаций и изобретать новые, уникальные способы достижения поставленных перед собой целей. В связи с этим изучение, развитие и совершенствование технологий, направленных, с одной стороны на максимальное раскрытие творческого потенциала современных специалистов, а с другой, – на продвижение товаров и услуг, имеет решающее значение на современном рынке сервисной деятельности.

Библиографический список:

1. Богоявленская, Д.Б. Исследование творчества и одаренности в традициях процессуально–деятельностной парадигмы. Основные современные концепции творчества и одаренности/Д.Б. Богоявленская. – М: Молодая гвардия, 1997. – С. 328 – 348.

2. Гилфорд, Дж. Три стороны интеллекта// Психология мышления / Под ред. А.М. Матюшкина. М., 1965. - С. 433- 456.;

3. Горн, А.П. Классификация интеллектуально-креативных услуг//Российское предпринимательство. – 2006. - № 2 (74) – с. 38-40.

4. Двоскин, А. Креативные технологии и Креатив-маркетинг: тезисы и заметки [Электронный ресурс]. – Режим доступа: http://nestandartno.ru/content

5. Классовая борьба продолжается? Эксперты центра обсудили понятие «креативный класс» [Электронный ресурс]. – Режим доступа: http://rusrand.ru/about/news/news_823.html

6. Коноплева Н.А. Художественное творчество в гендерном контексте (на материалах становления творческих способностей в сфере изобразительного искусства). - Автореферат дис. канд. культурологии: 24.00.01/Н. А.Коноплева. – Владивосток. , 1999., 1.5 п. л.

7. Коноплева Н. А., Коноплев А. Е. Художественное творчество и гендер. Культуролого-психологический аспект: монография. - Владивосток: Изд-во ВГУЭС, 2001. – 204 с.

8. Коноплева Н. А., Гаранина Е. Ю. Творческая личность в современном обществе. Гендерный и кросс-культурный аспекты: монография. – Владивосток: Дальнаука, 2007. - 360 с.

9. Креативные технологии на этапе подготовки и участия в выставке [Электронный ресурс]. – Режим доступа: http://do.gendocx.ru/docx/index-18484.htmlt

10. Реклама, PR, креатив и технологии или инструменты, приемы и стратегии [Электронный ресурс]. – Режим доступа: http//www.advesti.ru/publish/creative/krea/

11. Торшина К.А. Современные исследования проблемы креативности в зарубежной психологии / К.А. Торшина //Вопросы психологии. – 1998. - № 4. - С. - 123 – 133.

12. Флорида Р. Креативный класс: люди, которые меняют будущее, М.: «Классика- XXI», 2007, с. 22-24, 90-91.

УДК 616-089.844

Аветиков Д. С. - профессор, д.мед.н., ВГУЗ Украины «Украинская медицинская стоматологическая академия», г. Полтава, Украина
Розколупа А. А. - доцент, к.мед.н., ВГУЗ Украины «Украинская медицинская стоматологическая академия», г. Полтава, Украина
Пронина Е.Н. - профессор, д.мед.н., ВГУЗ Украины «Украинская медицинская стоматологическая академия», г. Полтава, Украина
Данильченко С. И - доцент, к.мед.н., ВГУЗ Украины «Украинская медицинская стоматологическая академия», г. Полтава, Украина
Ставицкий С. А. - преподаватель, к.мед.н., ВГУЗ Украины «Украинская медицинская стоматологическая академия», г. Полтава, Украина
Яценко И. В. - доцент, к.мед.н., ВГУЗ Украины «Украинская медицинская стоматологическая академия», г. Полтава, Украина
Соколов В. Н. - профессор, д.мед.н., ВГУЗ Украины «Украинская медицинская стоматологическая академия», г. Полтава, Украина
Локес Е. П. - преподаватель, к.мед.н., ВГУЗ Украины «Украинская медицинская стоматологическая академия», г. Полтава, Украина
Половик А.Ю. - доцент, к.мед.н., ВГУЗ Украины «Украинская медицинская стоматологическая академия», г. Полтава, Украина
svetlana_danilch@mail.ru

ОПТИМИЗАЦИЯ ПОДЪЕМА И МОБИЛИЗАЦИИ АНГИОСОМНЫХ КОЖНО-ЖИРОВЫХ ЛОСКУТОВ ИЗ ВИСОЧНОЙ И ТЕМЕННОЙ ОБЛАСТЕЙ

Ангиосомные лоскуты из волосистой части головы, которые формируются с учетом размещения периферических ветвей наружной сонной артерии, относятся к видам осевых лоскутов, которые давно применяются и хорошо изучены [2,17; 4,68]. Предложены разные модификации выкраивания лоскутов для устранения дефектов челюстно-лицевой области [1,188; 7,224].

Однако до этого времени не существует унифицированного подхода к теменно-затылочной и височной областям как к донорским зонам [3,49; 5,449; 7,224]. При мобилизации ангиосомных лоскутов, выкроенных в этих топографоанатомических областях нужно соблюдать осторожность, так как послеоперационные рубцы, которые получаются после пересадки на рану в донорской зоне расщепленной кожи, как правило, достаточно заметные и обуславливают дополнительный косметический недостаток [2,17; 6,206]. При этом не исключено повреждение центральных отделов мышц, к рубцовой деформации присоединяется неподвижность боковых отделов и области лба [2,17; 3,49; 6,206].

Цель исследования: базируясь на морфологических и клинических исследованиях, научно обосновать оптимальные методы восстановительно-реконструктивных операций ангиосомными лоскутами из волосистой части головы у больных с обширными дефектами и деформациями тканей головы и шеи.

Научная новизна исследования:

- впервые предложена и применена в ходе исследования новая методология морфологического обоснования артеризированных аутотрансплантатов, которая базируется на концепции ангиосомного устройства организма;

- впервые морфологически обоснованы и применены в клинике оригинальные методы восстановительно-реконструктивные операции ангиосомными лоскутами из волосистой части головы.

Практическая значимость:

- предложенная авторами методология исследования донорских зон артеризированных трансплантатов базируется на современных биотехнологиях и может быть применена для дальнейших разработок новых донорских зон аутотрансплантатов, устроенных по ангиосомному типу;

- разработанные и испытанные в клинике новые методы пластических операций расширяют арсенал методических приемов практических хирургов и позволяют выбрать наиболее оптимальные методики восстановительно-реконструктивных операций;

- внедрение в практическую медицину методов пластики ангиосомными лоскутами и аутотрансплантатами в сочетании с современными медицинскими технологиями даст наиболее оптимальную лечебную стратегию, что улучшит результат лечения и реабилитации больных с обширными дефектами и деформациями головы и шеи и позволит решить одну из важнейших медико-социальных проблем.

Материал и методы исследования. Топографоанатомические исследования проводились на 56 формализированных и 28 свежих трупах. Были использованы методики послойной анатомической препаровки, наливка сосудов самотвердеющими пластмассами с красителями, изготовление коррозионных препаратов.

Объектами клинических исследований были 128 больных с дефектами и деформациями головы и шеи, которым были проведены пластические и реконструктивные операции с использованием артеризированных лоскутов из волосистой части головы и другие виды пластических и косметических операций. При этом в 120 случаях был проведен клинический анализ больных с операции, которым проведены по модифицированным и новым методикам, с учетом данных, полученных в результате топографо-анатомических исследований. В послеоперационном периоде использовались методики импедансной реоплатизмографии, доплерографии, цветного дуплексного сканирования.

Трехмерные модели сосудов, изучающих пространственное строение поверхностных ветвей бассейна наружной сонной артерии были выполнены в стандартном компьютерном пакете PCAD.

Результаты исследования и их обсуждение. Покровные ткани мозгового черепа снабжаются кровью из пяти парных артериальных сосудов: поверхностной височной, задней ушной и затылочной артерий, которые отходят от наружной сонной артерии, а также надорбитальной и надблоковой — конечных ветвей внутренней сонной артерии. Все сосуды широко анастомозируют между собой, а также с одноименными сосудами противоположной стороны и сопровождаются венами, которые позволяют формировать длинные артеризированные кожные лоскуты, ориентированные в разных направлениях. Непременным условием их жизнеспособности является сохранение одной из нескольких сосудистых ножек. Как уже отмечалось, возможность перемещения артеризированного лоскута не определяется конечной зоной разветвления сосуда. Предшествующее подсечение лоскута вдоль линии размещения сосудов за пределами анатомически установленной границы разрешает довести длину лоскута до 25–30 см при относительно узкой питающей ножке.

Под инфильтрационной анестезией за 7–8 суток до основной операции рассекают кожу и апоневроз вдоль дистальных границ лоскута, отделяют его от подлежащих тканей к уровню конечного разветвления питающих артерий и укладывают на прежнее место, подшивая одиночными швами. Через неделю, на протяжении которой проходит переориентация сосудов и адаптация к ишемии, полностью формируют лоскут и переносят его к дефекту. Размеры перемещаемого лоскута можно увеличить за счет проведения многочисленных продольных и поперечных разрезов апоневроза. Насечки следует проводить с большой осторожностью, чтобы не повредить подлежащие сосуды. Кожно-фасциальный лоскут, лишенный стягивающего апоневротического шлема, становится не только длинным и более широким, но и более пластическим, ему легче придать сложную форму, он легко переносит скручивание. Раневую поверхность, которая осталась после взятия лоскута, закрывают расщепленным кожным лоскутом.

Как правило, данный способ пластики применяют для устранения дефектов в разных местах волосистой части головы, а также в участке природного роста волос на лице у мужчин. У женщин, однако, этим методом можно воспользоваться и при локализации дефектов в области лба, если необходимо закрыть рану одномоментно. Рост волос можно закамуфлировать подобранной прической в объединении с париком.

Необходимость в неотложной пластической операции возникает при удалении распространенных кожных злокачественных опухолей, прорастающих в кости черепа, а иногда и твердую мозговую оболочку. Удалять опухоль можно только при условии, что образованный дефект будет немедленно закрыт. Так как у большинства больных, которые обратились к нам, были запущенные формы заболевания в связи с чем им проводили неоднократные пластические операции, после которых остались множественные рубцы, выбор артеризированного лоскута часто являлся сложной задачей.

Более легко выполнить операцию удаления и перемещения лоскута, сформированного на ветвях поверхностной височной артерии. В этом случае сосудистая ножка легко отделяется, мобильность тканей достаточно высокая. Если рана занимает большую часть теменной области, характер повреждения и имеющиеся рубцы не разрешают применить этот метод, то использовать удлиненный лоскут на затылочной ветви собственно затылочной артерии, которая выходит на поверхность возле основы сосцевидного отростка.

Лоскут формируют в горизонтальном направлении в теменно-затылочной области на противоположной стороне в виде теннисной ракетки. Ширина наиболее узкой части питающей ножки составляет 5–6 см. Между раневой поверхностью в лобно-теменной области и ножкой лоскута получается кожный мостик, который на данном этапе рассекают, края отводят у стороны и свободно расплющивают ткань на всем протяжении. После приживления лоскута ножку возвращают на место.

Артеризированные лоскуты из головы широко известны и крепко вошли в арсенал пластической хирургии, поэтому, мы приводим только новые методики. На рисунках представлена методика и этапы пластической реконструкции ушной раковины, артеризированной височной фасцией, аутореберным хрящевым каркасом и свободной кожей.

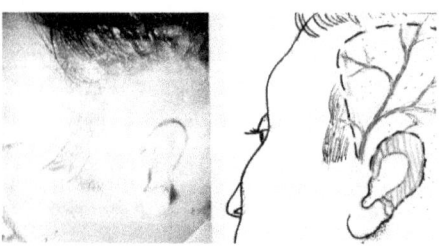

Рис. 1. Субтотальный дефект ушной раковины после огнестрельного ранения. Интраоперационная фотография и схематический рисунок.

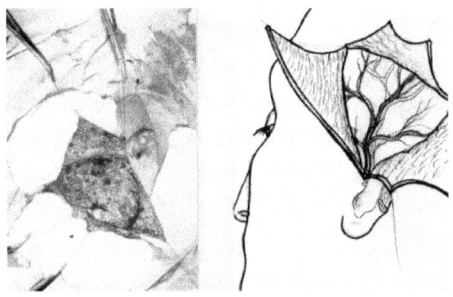

Рис. 2. Пластическая реконструкция ушной раковины артеризированной височной фасцией, хрящевым каркасом и свободной кожей. Интраоперационная фотография и схематический рисунок.

Рис. 3. Пластическая реконструкция ушной раковины артеризированной височной фасцией, хрящевым каркасом и свободной кожей. Интраоперационная фотография и схематический рисунок.

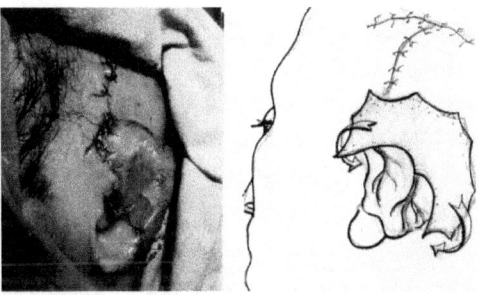

Рис. 4. Пластическая реконструкция ушной раковины артеризированной височной фасцией, хрящевым каркасом и свободной кожей. Интраоперационная фотография и схематический рисунок.

Смоделированный комплекс уложен в зону дефекта ушной раковины.

Выводы

1. Применение в клинике артеризированных трансплантатов и микрохирургической техники позволяют одномоментно восстановить утраченные комплексы тканей. Наиболее перспективными являются трансплантаты, устроенные по ангиосомному типу.

2. При проведении пластических реконструктивно-восстановительных операций на голове с использованием микрососудистых анастомозов необходимо учитывать топографию и вариантную анатомию ветвей наружной сонной артерии, используемой в качестве реципиентных сосудов.

3. Хирургическая анатомия покровных тканей теменно-затылочной и височной областей и топографические характеристики питающих сосудов (длинные стволы, большой диаметр и интенсивное кровообеспечение) позволяют использовать артеризированные лоскуты из этого региона для восстановления утраченных комплексов тканей и моделирования сложных органов как с сохранением сосудистых ножек, так и на микрососудистых анастомозах.

В наших дальнейших исследованиях планируется разработка комбинированных сложносоставных аутотрансплантатов из теменно-затылочной, височной областей и области лба.

Литература

1. Балон Л. Р. Восстановление дефектов челюстно-лицевой области и органов шеи / Л. Р. Балон, Б. К. Костур. – Л. : Медицина, 1989. – 290 с.
2. Виткус К. М. Микрохирургическая аутотрансплантация сложных комплексов тканей : автореф. дис. ... докт. мед. наук. – Вильнюс, 1987. – 33 с.
3. Вялов С. Л. Современные представления про регуляцию процесса заживления ран / С. Л. Вялов, К. П. Пшенисов, П. Куиндоз [и др.] // Анналы пластической, реконструктивной и эстетической хирургии. – 2000. - № 2. - С. 49-57.
4. Неробеев А. И. Пластика дефектов мягких тканей головы и шеи / А. И. Неробеев // Хирургия. – 2003. – №11. – С. 68-71.
5. Czerwinski F. Variability of the course of external carotid artery and its rami in man in the light of anatomical and radiological studies / F. Czerwinski // Folia Morphol. – Warsaw, 2002. – Vol. 40. – P. 449-453.
6. Hatoko M. The correction of lower eye retraction with ectropion due to gravity with auricular cartilage suspension of lower eyelid with cartilage sling / M. Hatoko, T. Haraashika, T. Inoue [et al.] // Eur. J. Plast. Surg. -2003. - Vol. 13. - P. 206-207.
7. Rose H. E. The versatile temporoparietal fascial flap adaptability to a variety of composite defects / H. E. Rose, M. S. Norris // Plast .Reconstr. Surg. - 2001. -Vol.85,№ 2.-P. 224-231.

УДК 616.724 - 007

Аветиков Д. С. - профессор, д.мед.н., ВГУЗ Украины «Украинская медицинская стоматологическая академия», г. Полтава, Украина
Яценко И.В. - доцент, к.мед.н., ВГУЗ Украины «Украинская медицинская стоматологическая академия», г. Полтава, Украина
Данильченко С. И. - доцент, к.мед.н., ВГУЗ Украины «Украинская медицинская стоматологическая академия», г. Полтава, Украина
Ставицкий С. А. - преподаватель, к.мед.н., ВГУЗ Украины «Украинская медицинская стоматологическая академия», г. Полтава, Украина
Локес Е. П. - преподаватель, к.мед.н., ВГУЗ Украины «Украинская медицинская стоматологическая академия», г. Полтава, Украина
Бондаренко В.В. - преподаватель, к.мед.н., ВГУЗ Украины «Украинская медицинская стоматологическая академия», г. Полтава, Украина
Бойко И.В. - преподаватель, к.мед.н., ВГУЗ Украины «Украинская медицинская стоматологическая академия», г. Полтава, Украина
svetlana_danilch@mail.ru

ОПРЕДЕЛЕНИЕ СТЕПЕНИ ВЫРАЖЕННОСТИ БОЛЕВОГО СИНДРОМА У ПАЦИЕНТОВ С ПАТОЛОГИЕЙ ВИСОЧНО-НИЖНЕЧЕЛЮСТНОГО СУСТАВА

Объективизация боли – одна из наиболее трудноразрешимых проблем в научной и клинической практике врачей различных специальностей. На современном этапе для оценки наличия, степени, и локализации боли в клинике используются психологические, психофизиологические и нейрофизиологические методы. Эти методы, в основном, основаны на субъективной оценке своих ощущений самим пациентом [2,85; 3,74; 4,37; 5,104.].

В последнее время значительно возросло количество пациентов с нестабильностью височно-нижнечелюстного сустава, которая сопровождается болевым синдромом различной выраженности [6,67].

Целью нашего исследования было определение степени выраженности болевого синдрома у пациентов с патологией височно-нижнечелюстного сустава различными методами оценки боли.

Материалы и методы исследования.

Было обследовано 32 пациента с нестабильностью височно-нижнечелюстного сустава в возрастной группе 30–50 лет (18 мужчин и 14 женщины). Пациенты оценивали болевые ощущения – до лечения, на седьмой, четырнадцатый дни лечения и через месяц после начала лечения.

Лечебный комплекс включал в себя следующие мероприятия. После устранения причины заболевания, например протезирование зубов с восстановлением окклюзионной высоты, проводили релаксацию, путем местных новокаиновых блокад триггерных зон. Кроме этого назначали препарат сирдалуд, который обладает свойствами миорелаксанта и анальгетика; дозы подбирали индивидуально от 8—16 мг/сут. Из физиотерапевтических процедур назначали электрофорез с гидрокортизоном, новокаином (лидокаином) на область сустава, местные парафиновые аппликации, дарсонвализацию [1,158].

Для объективизации боли нами была использована числовая ранговая шкала, которая состоит из последовательного ряда чисел от 0 до 10. Пациентам предлагалось оценить свои болевые ощущения цифрами от 0 (нет боли) до 10 (максимально возможная боль).

Вербальная ранговая шкала представляет собой набор слов, характеризующих интенсивность болевых ощущений и выстраивающихся в ряд, который выражает степень нарастания боли, и последовательно нумеруется от меньшей тяжести к большей. Чаще всего использовался следующий ряд дескрипторов: боли нет (0), слабая боль (1), умеренная боль (2), сильная боль (3), очень сильная (4) и нестерпимая (невыносимая) боль (5). Пациент выбирал слово, наиболее точно соответствующее его ощущениям.

Визуальная аналоговая шкала (ВАШ) представляет собой прямую линию длиной 10 см, начало которой соответствует отсутствию боли – «боли нет». Конечная точка на шкале отражает мучительную невыносимую боль – «нестерпимая боль». Каждый сантиметр на визуальной аналоговой шкале соответствует 1 баллу [7,1518].

Пациентам предлагали сделать на этой линии отметку, которая соответствовала интенсивности испытываемых ими болей. Расстояние между началом линии («нет болей») и сделанной больным отметкой измеряли в сантиметрах и округляли до целого.

Мак-Гилловский болевой опросник (McGill Pain Questionnaire). Пациенты читали все слова-определения и отмечали только те из них, которые наиболее точно характеризовали их боль и отмечали только по одному слову в любом из 20 вопросов [8,279].

Опросник состоит из подклассов вопросов. Каждый подкласс составили слова, сходные по своему смысловому значению, но различающиеся по интенсивности передаваемого ими болевого ощущения. Подклассы образовали три основных класса: сенсорную шкалу, аффективную шкалу и эвалюативную (оценочную) шкалу. Дескрипторы сенсорной шкалы (1 – 13-й подклассы) характеризуют боль в терминах механического воздействия, изменения пространственных или временных параметров. Аффективная шкала (14 – 19 подклассы) отражает эмоциональную сторону боли в терминах напряжения, страха, гнева или вегетативных проявлений. Эвалюативная шкала (20-й подкласс) состоит из 5 слов, выражающих субъективную оценку интенсивности боли пациентом.

При заполнении анкеты пациент выбирал слова, соответствующие его ощущениям в данный момент, в любом из 20 подклассов (не обязательно в каждом, но только одно слово в подклассе). Каждое выбранное слово имело числовой показатель, соответствующий порядковому номеру слова в подклассе. Подсчет сводился к определению двух показателей: (1) индекса числа выбранных дескрипторов, который представляет собой сумму выбранных слов, и (2) рангового индекса боли – сумма порядковых номеров дескрипторов в подклассах. Оба показателя подсчитывались для сенсорной и аффективной шкал отдельно или вместе. Эвалюативная шкала по своей сути представляла вербальную ранговую шкалу, в которой выбранное слово соответствует определенному рангу. Полученные данные заносились в таблицу и представлялись в виде диаграммы.

Результаты исследования различными методиками определило, что всех у пациентов в исследуемой группе было отмечено минимальное снижение интенсивности болевого синдрома на 7-й день, умеренное облегчение боли на 14-й день лечения и исчезновение боли на тридцатый день после начала лечения.

Сравнивая же различные методы определения боли, можно сказать, следующее.

Числовая ранговая шкала проста, наглядна и удобна при заполнении документации и может быть использована во время лечения. Она позволяет получить информацию о динамике боли: сопоставляя предыдущие и последующие показатели болевых ощущений, может судить об эффективности проводимого лечения.

Вербальная ранговая шкала проста в использовании, адекватно отражает интенсивность боли у пациента. Данные вербальной ранговой шкалы хорошо сопоставляются с результатами измерений интенсивности боли при помощи других шкал.

Визуальная аналоговая шкала (ВАШ) является достаточно чувствительным методом для количественной оценки боли, и данные, полученные при помощи этой шкалы, хорошо коррелируют с другими методами измерения интенсивности боли.

Мак-Гилловский болевой опросник оценивает боль не только количественно, не учитывает качественные особенности боли. Опросник позволяет охарактеризовать в динамике не только интенсивность боли, но и ее сенсорный и эмоциональный компоненты, что может быть использовано в дифференциальной диагностике заболеваний.

Как показал сравнительный анализ, данные различных методов объективизации боли в целом сопоставимы между собой и дополняют друг друга. В дальнейших исследованиях, у пациентов с патологией височно-нижнечелюстного сустава, кроме психологических, психофизиологических и нейрофизиологических методов планируется определять болевую чувствительность при помощи инструментальных методов обследования.

Литература

1. Бадокин В. В. Применение Сирдалуда в ревматологической практике / В. В. Бадокин // Рус. мед. журн. – 2005. – Т. 13, № 24. – С. 1588–1589.
2. Вальдман А. В. Центральные механизмы боли / А. В. Вальдман, Ю. Д. Игнатов. — Л. : Наука, 1976. – 191 с.
3. Вейн А. М. Боль и обезболивание / А. М. Вейн, М. Я. Авруцкий. — М. : Медицина, 1997.— 279 с.
4. Кукушкин М. Л. Нейрогенные болевые синдромы и их патогенетическая терапия / М. Л. Кукушкин, В. К. Решетняк, Я. М. Воробейчик— Анестезиология и реаниматология. – 1994. - № 4. - С. 36—41.
5. Михайлович В. А. Болевой синдром / В. А. Михайлович, Ю. Д. Игнатов— Л. : Медицина, 1990. - 336 с.
6. Рибалов О. В. Рентген-анатомічні порушення щільності суглобової головки СНЩС при її гіпермобільності / О. В. Рибалов, І. И. Яценко, П. О. Москаленко // Матеріали Республіканської наук.-практ. конф. – Харків. – 2010. – С. 67.
7. Myles P. S. The pain visual analog scale: is it leaner or nonleaner? / P. S. Myles, S. Troedel, M. Boquest, M. Reeves // Anest. Analg. – 1999. – V. 89. – P. 1517-1520.
8. Melzack R. The McGill Pain Questionnaire: major properties and scoring methods / R. Melzack // Pain. – 1975. – V. 1. – P. 277-299.

Волкова Т.О. - профессор, доктор биологических наук, Петрозаводский государственный университет
Мейгал А.Ю. - профессор, доктор медицинских наук, Петрозаводский государственный университет
Балашов А.Т. - профессор, доктор медицинских наук, Петрозаводский государственный университет
Барышева О.Ю. - профессор, доктор медицинских наук, Петрозаводский государственный университет
Виноградова И.А. - профессор, доктор медицинских наук, Петрозаводский государственный университет
Шубина М.Э. - доцент, кандидат медицинских наук, Петрозаводский государственный университет

ИНСТИТУТ ВЫСОКИХ БИОМЕДИЦИНСКИХ ТЕХНОЛОГИЙ ПЕТРГУ КАК ПЛАТФОРМА ДЛЯ КОМПЛЕКСНОГО ИЗУЧЕНИЯ ЧЕЛОВЕКА

Биомедицинская технология – комплексный процесс, включающий создание новых биологических объектов и продуктов, обладающих ранее неизвестными или принципиально новыми свойствами воздействия на организм человека, и направленных на достижение определенного диагностического, лечебного и/или профилактического эффектов [1]. В современном обществе биомедицинские технологии являются одним из наиболее динамично развивающихся направлений науки, которое является востребованным в различных областях человеческой жизнедеятельности. Экстракорпоральное оплодотворение, трансплантация органов и тканей, пластические операции, искусственное поддержание жизни – вот неполный перечень биомедицинских технологий, без которых трудно представить современную жизнь человека. Особого внимания сегодня заслуживают биомедицинские технологии, базирующиеся на молекулярно-генетических методах исследований (генодиагностика, генотерапия, генотипирование, генная и белковая инженерии и другие). Такие технологии позволяют отчасти вмешиваться в характеристики человеческой личности, и определять наследственные признаки будущих поколений людей [2, 198].

Накопленный к настоящему времени научно-методический потенциал в сфере молекулярной биологии, генетики, клеточной биологии, физиологии является основой для разработки современных методов и средств профилактики, диагностики и лечения широкого спектра заболеваний человека. На медицинском факультете Петрозаводского государственного университета исследования по разработке методов ранней диагностики, прогноза и индивидуализации лечения социально-значимых заболеваний человека проводятся на протяжении многих лет. В связи с этим в 2011 году в целях выполнения работ по гранту Правительства РФ по Постановлению № 220 «О мерах по привлечению ведущих ученых в российские образовательные учреждения высшего профессионального образования» в ПетрГУ была организована Лаборатория молекулярной генетики врожденного иммунитета, которую возглавил профессор Департамента патологии Центра биомедицины Тафтского Университета А. Н. Полторак (Бостон, США). В ходе работы в США в лаборатории профессора Бойтлера (B. Beutler, Нобелевский лауреат 2011 г. по физиологии и медицине) А. Н. Полторак стал соавтором одного из самых значительных открытий современной иммуногенетики – идентификации рецептора к бактериальному эндотоксину (липополисахариду – ЛПС), что способствовало началу интенсивного изучения системы врожденного иммунитета, а также установлению связи между врожденным и адаптивным иммунитетом. Главная научная задача лаборатории состоит в целенаправленном поиске и изучении новых генов и фенотипов, ответственных за процессы метаболизма, воспаления, апоптоза, индукцию и прогрессию опухолевых и аутоиммунных заболеваний.

В 2012 году в рамках Программы стратегического развития государственных образовательных учреждений высшего профессионального образования в ПетрГУ был создан Институт высоких биомедицинских технологий. Основная цель Института состоит в структурировании фундаментальных и прикладных исследований в области медицины и биологии в соответствии с приоритетными направлениями Российской Федерации в сфере биомедицинских технологий и мировыми тенденциями науки в этой области, а также создании условий для проведения НИР и НИОКР по разработке инновационных технологий, готовых к внедрению в клиническую практику. В настоящее время в состав Института высоких биомедицинских технологий ПетрГУ входят пять профильных научно-исследовательских лабораторий (Лаборатория молекулярной генетики врожденного иммунитета, Лаборатория новых методов физиологических исследований, Лаборатория доклинических исследований, клеточной патологии и биорегуляции, Лаборатория клинической эпидемиологии, Лаборатория телемедицины) и Единый многофункциональный центр модульного обучения.

Институт высоких биомедицинских технологий ПетрГУ осуществляет взаимодействие с различными российскими и зарубежными организациями, ведущими разработки в области современной биомедицины. Среди таких организаций Университет Тафтса (Бостон, США), Университет Восточной Финляндии (Куопио, Финляндия), Клиника Университета Тампере (Тампере, Финляндия), Финский Институт охраны здоровья на производстве (FIOH, Оулу, Финляндия), ФГБУ «НИИ физико-химической медицины» (Москва, Россия), ФГБУ «НИИ онкологии им. Н.Н. Петрова» (С.-Петербург, Россия), НИИ пульмонологии СПбГМУ им. академика И.П. Павлова (С.-Петербург, Россия), Институт биоорганической химии им. академиков М.М. Шемякина и Ю.А. Овчинникова РАН (Москва, Россия), Институт молекулярной биологии им. В.А. Энгельгардта РАН (Москва, Россия), МГУ им. М.В. Ломоносова (Москва, Россия), Институт биологии развития им. Н.К. Кольцова РАН (Москва, Россия), Государственный Научный Центр «Институт медико-биологических проблем» РАН (Москва, Россия), Институт возрастной физиологии РАО (Москва, Россия), Институт проблем передачи информации РАН (Москва), ФГБУ «НИИ ревматологии РАМН» (Москва, Россия) и другие. Научные исследования и разработки Института поддерживаются грантами РФФИ, РГНФ, ФЦП «Научные и научно-педагогические кадры инновационной России» на 2009-2013 годы, грантами Президента РФ «Ведущие научные школы» и Правительства РФ по привлечению ведущих ученых в образовательные учреждения высшего профессионального образования, а также Программой РАН «Фундаментальные науки – медицине». Проектная деятельность студентов и аспирантов поддерживается Фондом содействия развитию малых форм предприятий в научно-технической сфере (программа «Участник молодежного научно-инновационного конкурса – У.М.Н.И.К.).

На сегодняшний день Институт высоких биомедицинских технологий ПетрГУ имеет огромный потенциал для успешного развития и реализации в ближайшие годы намеченных целей и задач. Поскольку биомедицина является одним из наиболее актуальных направлений современной мировой науки с задачами целенаправленного поиска и конструирования генетически обусловленных и экспериментальных биомоделей, связанных с развитием человека, с сохранением и поддержанием качества жизни, с созданием инновационных способов диагностики заболеваний, то уникальное соединение фундаментальной науки и клинической практики без сомнения будет востребовано.

ЛИТЕРАТУРА

1. Сайт ФГБУ "Научный центр биомедицинских технологий" РАМН http://www.scbmt.ru/

2. Волкова Т.О., Немова Н.Н. Молекулярные механизмы апоптоза лейкозной клетки. М.: Наука, 2006.

Мазур А.Г.
старший лаборант, соискатель кафедры радиологии и
радиационной медицины
Национального медицинского университета имени А.А.
Богомольца, Anastasiya.mazur@gmail.com

Ткаченко М.Н.
заведующий кафедрой радиологии и радиационной медицины
Национального медицинского университета имени А.А.
Богомольца,
доктор медицинских наук, профессор
mtkachenkodeprad@mail.ru

Горяинова Н.В.
заместитель директора по научной работе ГУ «Институт
гематологии и трансфузиологии НАМН Украины»,
к. м. н., старший научный сотрудник
goryainovan@gmail.com

СРАВНИТЕЛЬНОЕ ИССЛЕДОВАНИЕ ОПУХОЛЕВЫХ МАРКЕРОВ ТИМИДИНКИНАЗЫ И β_2-МИКРОГЛОБУЛИНА ПРИ ОСТРОЙ МИЕЛОБЛАСТНОЙ ЛЕЙКЕМИИ В КАЧЕСТВЕ ПРОГНОСТИЧЕСКИХ ФАКТОРОВ

Значение прогностических факторов (ПФ) в онкогематологии для стратификации лечения очевидно [6,1076]. В последнее время для прогнозирования течения гемобластозов все чаще используются опухолевые маркеры (ОМ) тимидинкиназа (ТК) и бета-2 микроглобулин (β_2-МКГ) [2,20;3,280;6,1078]. Уровень ТК при острой миелоидной лейкемии (ОМЛ) значительно выше, чем при других видах неоплазий [4,539;8,64]. Существуют единичные зарубежные данные о прогнозировании ответа на ХТ на основании инициальных ее значений, но практически нет информации о прогнозировании дальнейшего течения ОМЛ на основании уровня этого ОМ в периоде ремиссии. По данным литературы увеличение концентрации β_2-МКГ в крови в 4-5 раз наблюдается при миелобластном варианте острой лейкемии (ОЛ) в 70% случаев [1,22;7,683]. Но нет данных о корреляционной связи между его уровнем и количеством лейкоцитов, лимфоцитов и бластных клеток в периферической крови (ПК) и в костном мозге (КМ). Есть исследования об использовании β_2-МКГ как ПФ при ОМЛ, но нет данных об изменении его уровня при разных ответах на ХТ и параллельной оценки его значений с активностью ТК.

Целью исследования явилось определение содержания ТК и β_2-МКГ в сыворотке крови методом радиоиммунологического анализа (РИА) у больных ОМЛ в качестве прогностических факторов течения заболевания и эффективности лечения.

Обследовано 97 пациентов от 17 до 73 лет (средний возраст 45,2±3,7), 58 мужчин и 39 женщин с ОМЛ в первом остром периоде, которым определялись стандартные гематологические показатели, ТК и β_2-МКГ до начала и после завершения индукции ремиссии. По ФАБ-классификации установлены подварианты ОМЛ: с М2, М4 и М5 - у 23, 31 и 29 пациентов соответственно; с М0, М6 и М3 - у 9; с М1 – у 5 пациентов. Всем больным индукция ремиссии проводилась по стандартной схеме „7+3": цитозар (100 мг/м^2/сут) - 7 дней, идарубицин (12 мг/м^2/сут) или адриабластин (40 мг/м^2/сут) - 3 дня. Исследование КМ проводилось после каждого курса ХТ. При отсутствии ремиссии после 1-го курса ХТ начинали следующий курс. Определение ТК и β_2-МКГ проводилось по инструкциям к соответствующим наборам (IMMUNOTECH, Чехия). Набор крови осуществлялся в те же дни, что и стернальная пункция. Сыворотка хранилась при t<-18C° не более 6 месяцев. Наборы позволяли выявить концентрацию ТК - от 0 до 80,0 Ед/л; β_2-МКГ - от 0,48 до 52,0 мг/л [5,19]. Были исследованы их уровни у 18 здоровых добровольцев и соотношение их с нормой, дающейся в инструкциях: для β_2-МКГ норма составляла 1,0-2,4 мг/л, для ТК - 0-5 Ед/л (5-9 граничные значения, >9 Ед/л - патология). Ответ на ХТ оценивался после 1-го и 2-го курсов ХТ соответственно общепринятым критериям. Первично-резистентную форму устанавливали при отсутствии ремиссии после 2-х курсов ХТ [8, 63]. Смерть пациента в течение 6 недель от постановки диагноза считалась ранней.

Так как ОМЛ является лейкемией преимущественно взрослых и достижение ремиссии у больных старше 60 лет является сложной проблемой, было проанализировано ее наступление в группах младше и старше 60 лет [7,682]. Полученные данные подтвердили неблагоприятность пожилого возраста, когда вероятность достижения ремиссии снижалась более, чем в 1,5 раза. Это связано с наличием сопутствующих соматических заболеваний, присоединением инфекционных осложнений и необходимостью уменьшения дозы антрациклинов на 1/3. Наибольшее количество ремиссий отмечалось при М2 подварианте ОМЛ - 28,8%. Не было ее при М0 и М6. Для М1 частота составляла 18,6%, для М3 - 22,0%, для М4 - 16,1%, для М5 - 14,4%. Полученная тенденция совпадает и с данными литературы и коррелирует со значениями ТК, что нельзя сказать про β_2-МКГ [6,1078;8,64]. Значения ТК у больных обеих возрастных групп было значительно больше нормы и статистически не отличалось, отображая пролиферацию лейкемических клеток, а не биологические характеристики пациента. Уровень β_2-МКГ в группах отличался больше - у 75% пожилых был увеличенным почти в 4 раза. Вероятно, это связано с присоединением инфекционных осложнений, возрастным нарушением функции почек или на фоне ХТ. Известно, что уровень этого белка в крови контролируется двумя процессами: скоростями синтеза и выведения. Синтез у здоровых людей является постоянным, выведение же исключительно зависит от скорости клубочковой фильтрации (СКФ). Таким образом, повышение уровня β_2-МКГ в крови отображает либо увеличение его секреции, либо снижение СКФ, либо и то и другое вместе. Как правило, у пожилых больных ОМЛ чаще наблюдается именно последний вариант.

По результатам лечения были выделены группы пациентов:
I - полная клинико-гематологическая ремиссия после 1-го курса ХТ (n=24);
II- полная клинико-гематологическая ремиссия после 2-го курса ХТ (n=38);
III – первично резистентные к ХТ (n=23);
IV - ранняя смерть (n=12).

Статистически достоверными изменениями характеризовались только ТК и количество тромбоцитов у пациентов 1-3-х групп. Основные гематологические показатели до лечения не отличались у пациентов всех 4-х групп, кроме среднего количества тромбоцитов в 4-й группе в сравнении с показателями 1-й. Однако отмечено, что в 3-й и 4-й группах количество эритроцитов и уровень гемоглобина были все же ниже, чем в 1-й и 2-й группах. Обращает на себя внимание большее количество лейкоцитов и их различие в этих группах. Установлено, что повышенные значения ТК, как правило, не коррелировали с количеством лейкоцитов в ПК и бластных клеток в КМ. Иногда при глубокой лейкопении ее значения были увеличены в десятки раз (например: при лейкоцитах $0{,}98 \times 10^9$/л уровень ТК достигал 56,7 Ед/л), что позволяло судить о степени злокачественности опухолевого клона и агрессивности течения заболевания. Не было выявлено зависимости уровня ТК от возраста и пола. После завершения ХТ значительный разбег выявлен между значениями ТК и количеством бластных клеток в ПК и КМ в группах с достигнутой ремиссией и резистентными формами. При позитивном ответе на ХТ уровень ТК достоверно снижался до нормы, отображая эффективность лечения (с $7{,}1 \pm 1{,}7$ до $4{,}1 \pm 0{,}5$ Ед/л в 1-й группе и с $13{,}9 \pm 1{,}7$ до $4{,}8 \pm 0{,}7$ Ед/л во 2-й), оставаясь повышенным при резистентности к ХТ. У больных 3-й группы также отмечалось снижение уровня ТК в процессе лечения, но ни в одном случае он не достигал нормы (с $34{,}3 \pm 5{,}3$ до $20{,}8 \pm 2{,}9$ Ед/л). В 4-й группе содержание ТК не только не уменьшалось, но в некоторых случаях становилось еще больше (с $52{,}5 \pm 8{,}8$ до $53{,}9 \pm 8{,}5$ Ед/л), свидетельствуя о переходе болезни в фазу неконтролированного течения. Была выявлена обратная корреляционная связь между инициальными значениями ТК и количеством полученных ремиссий. Наибольшее их количество достигнуто при ее значениях в дебюте <10,0 Ед/л (39,2 %), при этом 15,5% из них констатированы уже после 1-го курса ХТ. Высокий процент ремиссий наблюдался и при уровнях ТК 10,1-20,0 Ед/л (20,6%), но для их достижения в 11,3% случаев требовалось 2 курса индукции ремиссии. При содержании ТК 20,1-30,0 Ед/л ремиссия была у 4,1% больных и всегда только после 2-х курсов ХТ. При значениях ТК >30,0 Ед/л ее не было ни в одном случае. Следовательно, чем ниже инициальные значения ТК, тем выше вероятность получения клинико-гематологической ремиссии. Снижение уровня ТК после завершения ХТ до нормальных значений (<6 Ед/л) свидетельствует о достижении полной ремиссии, соответствуя и результатам исследования КМ (бластных клеток <5%). Значения же ТК >6 Ед/л свидетельствуют о неполном ответе на лечение, что также подтверждается наличием в КМ >5% бластных клеток.

Что касается другого ОМ - β_2-МКГ, то высокие его уровни до лечения наблюдались у 75% пациентов. Не была установлена зависимость между его концентрацией и количеством лейкоцитов и бластных клеток в ПК и в КМ ни в одной из 4-х групп. Средние значения β_2-МКГ в 1-3-х группах если и был выше нормы, то значительно не отличался. Что касается пациентов 4-й группы, то возможно, что повышение его концентрации почти в 4,5 раза связано не только с основным заболеванием, но и с сопутствующими изменениями в других органах и системах (в первую очередь в почках) или с присоединившейся инфекцией. Показатели выживаемости и частоты достижения полных ремиссий не зависели от инициальных значений β_2-МКГ. У большинтсва больных с полной ремиссией была установлена прямая корреляционная связь с уровнем β_2-МКГ - он снижался почти до нормальных значений. У 75-80% пациентов 1-й и 2-й групп уровень β_2-МКГ после лечения незначительно превышал норму и по сравнению с инициальными существенно отличался. Но у 20-25% больных его уровень в период ремиссии был достоверно выше контрольного. Это характеризует степень полноты достигнутой ремиссии: при ее отсутствии уровень β_2-МКГ никогда не достигал нормального значения. Показатели этого ОМ у пациентов 3-й группы после лечения почти не снизились, а у некоторых еще и увеличились. Возможно, что ХТ влияла на СКФ, поэтому выведение β_2-МКГ было замедленным. Таким образом, есть смысл определять таким пациентам этот белок в динамике не только в сыворотке крови, но и в моче. И при его повышенных уровнях следует назначать более корректную терапию. У пациентов 3-й группы показатели β_2-МКГ до лечения превышали порму в 2,5-4 раза, но не так как ТК в 7-9 раз. И после проведения ХТ уменьшение уровня β_2-МКГ было не более чем на 10% и не у всех больных, а ТК на 40%. Поэтому этот ОМ не является независимым критерием достижения ремиссии, но в комплексе с показателями ТК может дать более полную картину эффективности лечения. Было установлено, что наибольшее количество ремиссий было после 2-го курса ХТ (24,2%) при уровнях β_2-МКГ 3,1-10,0 мг/л, что не коррелировало с показателями ТК, когда ремиссий было больше (23,7%) после 2-го курса ХТ при его минимальных значениях <10,0 Ед/л. Если была выявлена обратная зависимость количества ремиссий от первичного уровня ТК, то этого не наблюдалось при исследовании β_2-МКГ. Не выявлено взаимосвязи между уровнем этого ОМ до лечения и возможного наступления ремиссии, хотя, чем ниже были инициальные значения β_2-МКГ, тем больше было шансов на достижение ремиссии. Почти одинаковое количество ремиссий было при начальных уровнях β_2-МКГ >10,1 мг/л как после 1-го курса ХТ - 7 случаев (11,3%), так и после 2-го - 10 случаев (16,1%). При значениях <10,0 мг/л после 1-го курса ХТ их было у 17 больных (17,5%), а после 2-го у 28 (28,95%). При этом, как при значениях β_2-МКГ <3,0 мг/л, так и при значениях 3,1-10,0 мг/л количество ремиссий почти не отличалось (22 и 23 случая соответственно). Учитывая, что у больных с инициальными значениями β_2-МКГ<10,0мг/л наблюдалось наибольшее количество ремиссий, более информативным будет деление пациентов на 2 группы: с уровнями β_2-МКГ <10,0 и >10,0 мг/л. Условно 1-я группа считается прогностически благоприятной, а 2-я - первично-резистентной с возможным агрессивным течением болезни.

Таким образом, ТК является независимым прогностическим фактором злокачественности течения ОМЛ и ответа на индукционную ХТ, что нельзя сказать о β_2-МКГ. Их значения не коррелируют с количествами лейкоцитов в ПК и бластных клеток в КМ. Чем ниже инициальные значения этих ОМ, тем выше вероятность получения клинико-гематологической ремиссии. Но если она не является полной, содержание ТК и β_2-МКГ в крови если и уменьшается, то не достигает нормы.

Литература

1. Воробьев В.Г., Сиднев В.И. Клиническое значение радиоиммунологического определения уровня бета-2 микроглобулина у больных острым лейкозом // Тер. Арх. – 1990. - № 7. – С. 20-23.
2. Doi S., Naito K., Yamada K. Serum deoxythymidine kinase as a progressive marker of haematological malignancy // Nagoya J. Med. Sci. - 2010. N52. –P. 19-26.

3. Ellegaard J., Mogensen C.E., Kragballe K. Serum β2-microglobulin in acute and chronic leukaemia // Scand. J. Haematol. – 2008. - N25. – P. 275–*285*.
4. Hagberg H., Gronowitz J.S., Killander A. et al. Serum thymidine kinase in acute leukaemia // Br. J. Cancer -1984. N 49. –P. 537-540.
5. Immunotech // a Beckman coulter company // Опухолевые маркеры и их обследование. - 2008. – 28 p.
6. Melillo L., Cascavilla N., Lombardi G. et al. Prognostic relevance of serum β2 microglobulin in acute myeloid leukemia // Leukemia. – 2011. - N 6. – P.1076-1078.
7. Span P., Heuvel J., Romain S. et al. The Prognostic Significance of Serum β2Microglobulin Levels in Acute Myeloid Leukemia and Prognostic Scores Predicting Survival. Analysis of 1,180 Patients // Anticancer Res.- 2010. - N 20(2A). – P. 681-687.
8. Tretyak N.M., Goryainova N.V., Kyselova O.A. Prognosis of relapse in acute myeloid leukemia patients on basis of thymidne kinase level in blood serum // Annals of Hematology (Acute Leukemias XII. Biology and Treatment Strategies. Snternational Symposium, February 16-20, 2008, Munich, Germany). – P. 63-64.

Макаренко А.В.
ассистент кафедры радиологии и радиационной медицины
Национального медицинского университета имени А.А. Богомольца, Киев,
Украина
Makarenko_Anatoly@ukr.net
Ткаченко М.Н.
д.м.н., профессор, заведующий кафедрой радиологии и радиационной
медицины
Национального медицинского университета имени А.А. Богомольца, Киев,
Украина
mtkachenkodeprad@mail.ru

АНАЛИЗ РЕЗУЛЬТАТОВ ДИНАМИЧЕСКОЙ ГЕПАТОБИЛЛИСЦИНТИГРАФИИ ПРИ НЕКОТОРЫХ ПАТОЛОГИЯХ ЖЕЛЧЕВЫДЕЛИТЕЛЬНОЙ СИСТЕМЫ

Современный образ жизни привел к тому, что заболевания желчевыделительной системы стали одной из ведущих проблем в гастроэнтерологии. Существующие в течение длительного времени функциональные нарушения гепатобиллиарной системы (ГБС) могут провоцировать развитие воспалительных процессов в желчном пузыре и образование конкрементов. Кроме того, заболевания биллиарной системы достаточно часто протекают одновременно с функциональными нарушениями гастродуоденальной зоны [1, 37; 2, 22]. Следует отметить, что для первичной и дифференциальной диагностики таких состояний необходимо подтверждение инструментальными и лабораторными методами исследования [3, 27-28].

В протоколах обследования больных с патологией ГБС основное место принадлежит лучевым методам диагностики, в частности ультразвуковым и рентгенологическим. Наиболее часто применяется ультразвуковое исследование (УЗИ), позволяющее определить состояние печени, форму и размер желчного пузыря, обнаружить деформации, врожденные аномалии развития, воспалительные изменения, конкременты в желчном пузыре и желчных протоках [3, 30; 4, 84, 87]. Однако, такие исследования преимущественно анатомо-топографические, и, без дополнительных методов не дают возможности установить тип дискинетических нарушений.

На протяжении длительного времени в диагностике заболеваний биллиарного тракта используются радионуклидные методы исследования. Для исследования ГБС применяют динамическую гепатобиллисцинтиграфию (ДГБСГ). Радиоизотопное исследование с применением короткоживущих изотопов технеция (99m Tc) основано на способности печени поглощать радиоактивные вещества и выделять их вместе с желчью в систему внепеченочных желчных проходов, что фиксируются при помощи специальных приборов. Исследование атравматично, физиологично и не требует специальной подготовки пациента. Важным позитивным фактором является низкая лучевая нагрузка [4, 86; 5, 201]. При помощи ДГБСГ достоверно диагностируются нарушения концентрационной и сократительной способности желчного пузыря, явления холестаза, стриктуры и сужения внепеченочных желчных путей, и, что очень важно - нарушение деятельности сфинктеров биллиарного тракта - Одди, Люткенса, Мирицци. Метод позволяет определять как секреторную, так и экскреторную функции печени, наблюдать за пассажем желчи по биллиарному тракту, обнаруживать локализацию блока. В случаях, когда радиофармацевтический препарат (РФП) появляется в двенадцатиперстной кишке натощак, диагностируют недостаточность сфинктера Одди [4, 88; 6, 331]. Применение ДГБСЦ в комплексе с другими методами позволяет получить четкое представление об анатомических особенностях строения ГБС, наличия патологических изменений, в том числе и функционального характера, что дает возможность своевременно и адекватно начать лечение больного. К сожалению, ДГБСЦ не получила широкого распространения среди врачей терапевтического и хирургического профиля. В первую очередь, это связано с малой осведомленностью врачей о возможностях этого метода, а во-вторых, с отсутствием радиологических отделений в специализированных клиниках.

Целью нашей работы было провести анализ функционального состояния гепатобиллиарной системы при различных ее патологиях. Было обследовано 44 больных в возрасте от 35 до 64 лет с хроническим холециститом, после холецистэктомии (калькулезные холециститы) и дискинезиями различного генеза. Согласно протоколу исследования больным проводилась внутривенная динамическая гепатобиллисцинтиграфия с 99mTc – Мезида, активностью 1,1 Мбк/кг на гамма-камере ОФЕКТ-1 с использованием компьютерного обеспечения Spectwork (Украина). Лучевая нагрузка составляла от 0,5 до 0,8 мЗв, что не превышало предельно допустимую дозу для данной категории пациентов. Исследование проводили в положении пациента лежа на спине, детектор располагался параллельно передней поверхности брюшной стенки, сбор информации начинали сразу после внутривенного «болюсного» введения РФП. Длительность обследования составляла 60 мин, с введением желчегонного завтрака (два сырых куриных желтка) на 30 мин исследования. Регистрация кадров проводилась ежеминутно. По окончании исследования проводили качественный (визуальный) анализ, для определения размеров печени, деформаций желчного пузыря, степени и равномерности поглощения РФП, своевременность поступления РФП в кишечник.

ГБСГ, проведенная у 44 больных с различной патологией гепатобиллиарной системы показала, что у больных с хроническим холециститом, после холецистэктомии (калькулезные холециститы) и дискинезиями по гипотоническому типу, время максимального накопления РФП в гепатоцитах замедляется, больше у пациентов по гипотоническому типу. У пациентов с дискинезиями по гипертоническому типу секреторная функция печенки практически не изменяется и остается в пределах нормальных показателей. Аналогичная тенденция сохранялась и при анализе времени полувыведения РФП, которое свидетельствует о взаимосвязи между секреторной и экскреторной способностью гепатоцитов при длительно существующих воспалительных процессах и дискинезиях по гипотоническому типу. Концентрационная способность желчного пузыря значительно ухудшается при хроническом холецистите и дискинезиях по гипотоническому типу, наблюдались явления холестаза. У больных после холецистэктомии оценивалось время появления, время максимума, латентного периода по общему печеночному протоку. При этом наблюдались незначительные колебания показателей, почти в пределах нормы. При дискинезиях по гипертоническому типу усиливалась как концентрационная, так и сократительная способность желчного пузыря. Оценка динамических процессов внепеченочных желчных протоков и нарушение деятельности сфинктера Одди показала, что явления спазма и холестаза сильнее выражены при хроническом холецистите и у больных с дискинезиями по гипотоническому типу. При дискинезиях по гипертоническому типу показатели оставались в пределах нормы, как и у больных после холецистэктомии.

По данным наших наблюдений было выявлено, что у пациентов с патологией ГБС, при прогрессировании процесса, в одинаковой мере страдает как паренхима печени, так и желчевыделительные пути, вне зависимости от гипер- или гипокинезии. Степень поражения ГБС находится в прямой зависимости от активности основного процесса, его длительности, возраста пациента и не зависит от тактики проведенного лечения. Объективную оценку состояния ГБС необходимо применять для уточнения активности заболевания, эффективности лечения, определения субклинических признаков хронизации и прогрессирования патологического процесса в печени и желчном пузыре, прогноза последующего течения болезни у пациентов с разнообразными заболеваниями ГБС. Кроме того, методику ДГБСЦ целесообразно более широко применять в практике радиологических отделений и внедрять в специализированных клиниках.

Литература:

1. Галкин В.А. Современные методы диагностики дискинезий желчного пузыря и некалькулезного холецистита // Тер. Архив. – 2001. - № 8. С. 37-38.
2. Ильченко А.А. Дисфункциональные расстройства билиарного тракта // Consilium-medicum. – 2002. – Вып.1, приложение. – С. 20-23.
3. Бабак А.Я. Синдром холестаза (причины, механизмы развития. Клиническе проявления и принципы лечения) // Лікування та діагностика. — 2003. — № 2. — С. 27-35.
4. Авдеев В.Г. Клинические проявления, диагностика и лечение расстройств моторной функции двенадцатиперстной кишки// Рос. журн. гастроэнтерол., гепатол., колопроктологии. – 1997. – № 5. – С. 83–88.
5. Fukunaga K., Todoroki T., Takada Y. Hepatic functional reserve in patients with biliary malignancies: an assessment by technetium 99m galactosyl human serum albumin hepatic scintigraphy// Int. Surg. - 1999. - Vol. 84, № 3. - P. 199–203.
6. Fujioka H., Kawashita Y., Kamohara Y. et al. Utility of technetium-99mlabeled-galactosyl-human serum albumin scintigraphy for estimating the hepatic functional reserve// J. Clin. Gastroenterol. - 1999. - Vol. 28, № 4. - P. 329-333.

Романенко А.А.
к.м.н., ассистент кафедры радиологии и радиационной медицины
Национального медицинского университета имени А.А. Богомольца, Киев,
Украина
RomanenkoAAAA@bigmir.net
Ткаченко М.Н.
д.м.н., профессор, заведующий кафедрой радиологии и радиационной
медицины
Национального медицинского университета имени А.А. Богомольца, Киев,
Украина
mtkachenkodeprad@mail.ru

ЗНАЧЕНИЕ НЕПРЯМОЙ РЕНАНГИОГРАФИИ В КОМПЛЕКСНОМ СЦИНТИГРАФИЧЕСКОМ ИССЛЕДОВАНИИ ПРИ ПУЗЫРНО-МОЧЕТОЧНИКОВОМ РЕФЛЮКСЕ У ДЕТЕЙ

По данным различных исследователей, пузырно-мочеточниковый рефлюкс (ПМР) диагностируется у 30-60% детей с инфекцией мочевыделительной системы (ИМВС), и, в свою очередь, является одной из основных причин развития таких осложнений, как артериальная гипертензия и хроническая почечная недостаточность [1,72; 2,263]. В связи с этим, своевременная диагностика и выбор правильного алгоритма лечения таких больных, до сих пор остаются одной из главных проблем в детской нефрологии и урологии [2, 265, 266; 5,202].

Целью нашей работы было изучить при помощи непрямой ренангиографии (НРАГ) нарушение почечной гемодинамики у детей при ПМР с радиофармацевтическими препаратами (РФП) 99mTc-ДТПА и 99mTc-фосфатами. Были обследованы 83 ребенка с ПМР, в возрасте от 5 до 18 лет (средний возраст составил 9,6 ± 1,4). Соотношение «девочки/мальчики» было 49 к 34 (1,4:1). Среди больных были пациенты с врожденными пороками развития, нейрогенным мочевым пузырем, хроническим пиелонефритом, гидронефрозом, сморщенной почкой, больные после эндоскопической коррекции ПМР и с единственной почкой после оперативного вмешательства. С I степенью ПМР было 6 детей, II - 23, III - 42, IV - 10, V - 2. Исследования проводили на гамма-камере ОФЕКТ-1, компьютерное обеспечение Spectwork (Украина). Больным проводили комплексное сцнтиграфическое обследование: непрямую ренангиографию, динамическую реносцинтиграфию (ДРСГ) и непрямую радионуклидную цистографию. Активность РФП рассчитывали с учетом массы тела ребенка [3,82; 4,10-12]. Лучевая нагрузка не превышала предельно допустимые дозы для данной группы пациентов (категория БД). НРАГ выполняли как самостоятельную методику для оценки состояния почечной гемодинамики, или в комплексе с динамической реносцинтиграфией. Детектор располагался относительно спины пациента, таким образом, чтобы его срединная продольная ось была параллельна позвоночнику, а поперечная - находилась на уровне XII ребер. РФП вводили внутривенно, быстро, «болюсом» в кубитальную вену, под жгутом [4,16]. Запись информации при НРАГ начинали синхронно с введением РФП при экспозиции 1 кадр в 1 с, на протяжении 30 с. Матрица изображения 128х128х16 (рисунок).

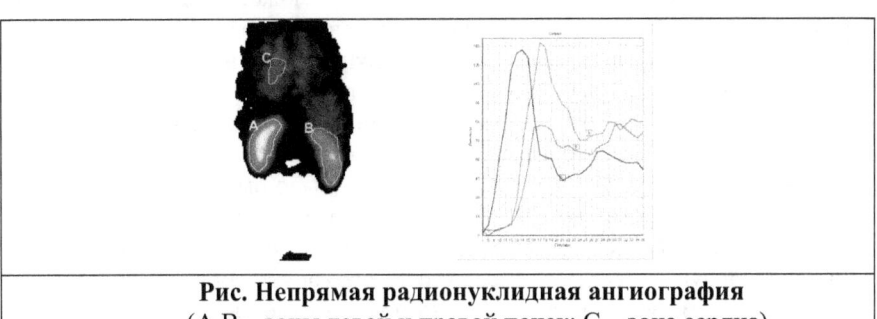

Рис. Непрямая радионуклидная ангиография
(А,В – зоны левой и правой почек; С – зона сердца).

НРАГ с 99mTс-ДТПА была проведенная 27 больным. Время артериальной фазы ренангиограммы в почке более пораженной рефлюксом, имело тенденцию к замедлению, и составляло у больных со II степенью ПМР - 6,8 ± 1,3 с; III - 8,6 ± 2,3 с; IV - 8,1 ± 1,3 с (замедление на 16%). В почке менее пораженной рефлюксом, время артериальной фазы замедлялось более выражено, и составляло у больных со II степенью ПМР - 6,0 ± 0,9 с; III - 7,2 ± 1,4 с; IV - 8,0 ± 1,2 с. Время венозной фазы НРАГ в более пораженной почке также имело тенденцию к замедлению и составляло: у больных с I степенью 4,0 ± 0,5 с; II - 6,6 ± 1,4 с; III - 7,2 ± 1,3 с; IV - 10,5 ± 1,8 с (замедление на 40%). В менее пораженной почке время венозной фазы замедлялось менее значительно и составляло у больных с I степенью - 4,0 ± 0,9 с; II - 5,2 ± 1,5 с; III - 6,4 ± 1,2 с; IV - 7,6 ± 1,4 с. Следует отметить, что пациенты с V степенью ПМР в группу обследований с 99mTс-ДТПА не попали, в связи с их небольшим количеством.

НРАГ с 99mTс-фосфатами, проведенная нами у 26 больных, показала, что время артериальной фазы в более пораженной почке замедлялось у больных с IV степенью по отношению к больным I-III степени, приблизительно на 30%. В менее пораженной почке время артериальной фазы было относительно замедленно у больных с III ст. и выражено – с V. Время венозной фазы в более пораженной почке имело тенденцию к замедлению и составляло: у больных с I степенью 6,1 ± 1,8 с; II - 5,7 ± 1,9 с; III - 6,6 ± 2,0 с; IV - 7,0 ± 2,1 с; V - 11,0 ± 3,4с. В менее пораженной почке время венозной фазы также замедлялось: с I степенью

ПМР - 4,1 ± 1,7 с; II - 4,4 ± 1,7 с; III - 4,5 ± 1,8 с; IV - 6,0 ± 2,0 с; V - 10,4 ± 3,2 с.

Полученные данные свидетельствуют о замедлении почечного кровотока в обеих почках, независимо от стороны поражения, но в зависимости от степени прогрессирования ПМР. Кроме того, с возрастанием степени рефлюкса, в одинаковой мере страдал как артериальный, так и венозный кровоток. Наибольшие изменения наблюдались при IV и V степени ПМР. Это может расцениваться как признаки хронизации патологических изменений и развития осложнений. Кроме того, оценку почечной гемодинамики необходимо применять для уточнения активности заболевания, эффективности проведенного лечения, прогноза последующего развития болезни у детей с разнообразными заболеваниями почек, которые сопровождаются ПМР.

Согласно проведенным исследованиям, было бы рационально более широко внедрять методику НРАГ не только в практику радиологических отделений, но и в детскую нефрологию и урологию как малоинвазивную, функциональную, объективную методику радионуклидной диагностики с низким уровнем лучевой нагрузки, что подтверждается данными мировой литературы [6,2101].

Литература:

1. Зоркин С. Н. Факторы риска развития повреждений почек при пузырно-мочеточниковом рефлюксе у детей / Зоркин С. Н. // Вопросы современной педиатрии. — 2003. – т. 2, №1. – С. 71–73.
2. Лопаткин Н. А. Урология : Национальное руководство. – М., 2009. – С. 261–271.
3. Кундін В. Ю. Характеристика основних радіофармпрепаратів для дослідження нирок : сучасний стан та подальші перспективи / В. Ю.Кундін // Укр. радіолог. журн. — 2004. — № 1. — С. 79—87.
4. Сцинтиграфічні дослідження в оцінці ступеня ураження нирок у хворих на інфекцію сечової системи : методичні рекомендації / В.Ю. Кундін , Н.М. Степанова. – Київ, 2006. – 21 с.
5. Imaging studies after a first febrile urinary tract infection in young children / Hoberman A., Charron M., Hickey R.W. [et al.] // N. Engl. J. Med. – 2003. – Vol. 348. – P. 195. – 212.
6. Screening for vesicoureteral reflux and renal scars in siblings of children with known reflux / N. Ataei, A. Madani, S.T. Esfahani [et al.] // Pediatr. Nephrol. – 2005. – № 20 (8). – P. 1201–1202.

Гороть И.В.
ст. лаборант, соискатель кафедры радиологии и радиационной медицины
Национального медицинского университета имени А.А. Богомольца.
sirinagas@ukr.net
Ткаченко М.Н.
заведующий кафедрой радиологии и радиационной медицины
Национального медицинского университета имени А.А. Богомольца,
д.мед.н. профессор.
mtkachenkodeprad@mail.ru

ВЛИЯНИЕ НИЗКИХ ДОЗ РАДИАЦИИ НА РЕАКТИВНОСТЬ И УЛЬТРАСТРУКТУРНУЮ ОРГАНИЗАЦИЮ АОРТЫ

Эндотелий – это самый радиочувствительный элемент сосудистой стенки [2, 296; 4, 319]. Он не просто образует барьер между кровью и гладкими мышцами (ГМ) сосудов, но и действует как модулятор функции сосудов. Эндотелий является важным звеном формирования и регуляции сосудистого тонуса посредством синтеза и освобождения ряда биологически активных веществ [5, 873]. Оксид азота (NO) – один из основных медиаторов сосудистой реактивности, который синтезируется с L-аргинина [3, 989; 4, 319; 5, 873; 6, 1616]. Патологические процессы, которые являются следствием облучения, часто сопровождаются нарушением сосудистого тонуса, что приводит к развитию сердечно-сосудистых заболеваний [2, 296; 4, 319; 5, 873].

Цель работы – исследование сосудистой реактивности и ультраструктурной организации эндотелия аорты мышей линии BALB/c при действии НДР в условиях постоянного пребывания в Чернобыльской зоне отчуждения.

Методика

Исследования проводились на 6 мес мышах-самцах массой тела 20-22 г радиочувствительной линии BALB/c [1, 180], которые родились и на протяжении всей жизни находились в зоне отчуждения (виварий Института проблем безопасности атомных электростанций НАН Украины, лаборатория экспериментальной радиобиологии и средств радиозащиты, г. Чернобыль). Контролем были 6 мес животные, которые родились и прожили свою жизнь в киевском виварии в условиях естественного радиоактивного фона.

Сократительную активность гладких мышц (ГМ) грудного отдела аорты регистрировали с помощью механоэлектрического преобразователя *6МХ1С* в режиме, который приближается к изометрическому. Активацию ГМ проводили добавлением к буферному раствору норадреналина (НА, 2 ·10⁻⁵ моль/л, "*Sigma*", США). Стойкий уровень этого сокращения ("плато") принимали за 100 %. От него проводили расчеты изменений амплитуды расслабления ГМ (%) на эндотелийзависимый (ацетилхолин йодид - AX, 10^{-5} моль/л, "*Sigma*", США) и эндотелийнезависимый (нитропруссид натрия - НП, 10^{-4} моль/л, "*Sigma*", США) агонисты.

Проводили электронномикроскопическое исследование грудного отдела аорты в лаборатории электронной микроскопии Института проблем патологии Национального медицинского университета имени А.А. Богомольца: на ультратомах "*Reichard*" (Австрия) и *LKB-III* (Швеция) изготовляли ультратонкие срезы аорты и изучали их под электронным микроскопом *ПЕМ-125К* ("*Selmi*", Украина). Полученные данные обрабатывали методом вариационной статистики с помощью программного обеспечения *Origin 7 (Microcal Software, USA)*.

Результаты исследования

Показано, что в условиях постоянного пребывания мышей линии BALB/c в Чернобыльской зоне эндотелийзависимые реакции расслабления ГМ грудной аорты на AX отсутствуют, что указывает на нарушение эндотелиальной функции. Вместо этого были определены такие реакции: в 4-х опытах (36%) имело место стойкое сокращение ГМ на протяжении всего времени влияния AX (8-10 мин) амплитудой в среднем $37,0 \pm 2,5\%$; в 1-м (9%) – сокращение ГМ, вдвое меньшей амплитудой, чем в предыдущем опыте, удерживалось первые 3 мин влияния AX, после чего формировалось расслабление амплитудой 16%; в 6-ти (55%) – тоническое напряжение ГМ отсутствовало. Эндотелийнезависимые реакции расслабления ГМ на НП были повреждены незначительно: в 8-ми опытах (73%) определялось стойкое расслабление ГМ на протяжении всего времени действия НП (10 мин); в 3-х – изменения тонического напряжения ГМ отсутствовали. Раньше нами было исследовано, что большему уровню повреждения эндотелийзависимых реакций расслабления ГМ отвечает меньший уровень синтеза NO и меньший уровень окислительного аргиназного метаболизма аргинина [7, 55; 8, 107].

Электронномикроскопическое исследование показало, что в условиях действия НДР в первую очередь изменяется внутренняя оболочка аорты. Эндотелиоциты с незначительными изменениями чередуются с клетками с грубыми ультраструктурными повреждениями. Люменальная поверхность таких клеток имеет признаки повышенной подвижности – микровыросты и инвагинации плазмолемы. Ядра имеют инвагинации разной глубины, их матрикс с незначительно неравномерным распределением хроматина в кариоплазме. Митохондрии без значительных ультраструктурных повреждений. Количество полисом и канальцев эндоплазматической сетки незначительно уменьшено в сравнении с контролем, но в тот же момент увеличено число микрофибрилл, которые часто образуют пучки. Микропиноцитозные везикулы размещены и возле ядра, и в периферических участках эндотелиоцитов, часто контактируя между собой. Вместе с тем, в цитоплазме распространены круглые структуры разного размера с электроннопрозрачным или мелкодисперсным содержимым. Такие вакуоли образуются за счет инвагинаций базальной мембраны и служат, скорее всего, для выведения отечной жидкости и деструктурированных остатков с подэндотелиального пространства. Всюду наблюдается исчезновение связей базальной поверхности эндотелиоцитов с базальной мембраной. Вследствие этого эндотелий образует аркады разной высоты. Как правило, такие эндотелиоциты имеют значительные деструктивные изменения – лизис цитоплазмы, уменьшение числа органелл. Крайним проявлением повреждения эндотелия служит наличие оголенной базальной мембраны. Она местами четко выражена, структурирована, но чаще всего она распушена, деструктурирована.

Отмечаются изменения эластических мембран, на поверхности которых определяются инвагинации и выпячивания. Участки истончения чередуются с неравномерным утолщением этой мембраны. Гладкомышечные клетки теряют свойственную им ориентацию, определяют признаки повышенной сократимости.

Таким образом, проведенное исследование показало, что при постоянном действии НДР в условиях Чернобыльской зоны отчуждения самым уязвимым является эндотелий, угнетаются эндотелийзависимые реакции расслабления ГМ аортальных полосок на ацетилхолин.

Литература

1. Бландова З.К., Душкин В.А., Малашенко А.Н. и др. Линии лабораторных животных для медико-биологических исследований. – М.: Наука, 1983. – 180 с.

2. Воробьёв Е.И., Степанов Р.П. Ионизирующие излучения и кровеносные сосуды. – М.: Энергоатомиздат, 1985. – 296 с.

3. Basaga H.S. Biochemical aspects of free radicals // Cell. Biol. – 1990. – 68, № 5. – P. 989- 998.

4. Kantak S.S., Diglio C.A., Onoda J.M. Low dose radiation-induced endothelial cell retraction // Int. J. Radiat. Biol. – 1993. – 64, № 3. – P. 319-328.

5. Korge P., Ping P., Weiss J.N. Reactive oxygen species production in energized cardiac mitochondria during hypoxia/reoxygenation: Modulation by nitric oxide // Circ. Res. –2008. – 103. – P. 873-880.

6. Mori M. Regulation of nitric oxide synthesis and apoptosis by arginase and arginine recycling // J. Nutr. – 2007, June. – 137. – P. 1616S-1620S.

7. Tkachenko M.N., Kotsjuruba A.V., Bazilyuk O.V., Gorot I.V., Sagach V.F. Peculiarities of changes of vascular reactivity and reactive form of oxygen in conditions of varying duration of permanent stay in the Alienation zone // International Journal of Physiology and Pathophysiology. – 2011. – 2, № 1. – P. 55-68.

8. Tkachenko M.N., Kotsjuruba A.V., Bazilyuk O.V., Gorot I.V., Remennik O.I., Sagach V.F. Vascular reactivity and metabolism of the reactive form of oxygen and nitrogen; effects of low doses of radiation // International Journal of Low Radiation. – 2011. – 8, № 2 – P. 107-121.

Красильникова А.А.[1]**, Шестопалов М.А.**[2]**, Кирилова И.А.**[3]**,
Шестопалова Л.В.**[4]

1. аспирант, Новосибирский национальный исследовательский
государственный университет
2. к.х.н., Институт неорганической химии им. Николаева СО РАН
3. д.м.н., Новосибирский научно-исследовательский институт
травматологии и ортопедии
4. д.б.н., проф., Новосибирский национальный исследовательский
государственный университет

ИССЛЕДОВАНИЕ ТРИС-(2-КАРБОКСИЭТИЛ)ФОСФИНОВОГО КЛАСТЕРНОГО КОМПЛЕКСА РЕНИЯ В КАЧЕСТВЕ НОВОГО АГЕНТА ДЛЯ РЕНТГЕНОКОНТРАСТНОГО УСИЛЕНИЯ В ЛУЧЕВОЙ ДИАГНОСТИКЕ

В клинике для визуализации сосудистого русла, мочевыводящих и желчевыводящих путей пациентов при помощи рентгеновских установок или аппаратов для компьютерной томографии широко применяются различные агенты для рентгеноконтрастного усиления. В настоящее время в качестве таких агентов чаще всего применяются препараты на основе органических йодсодержащих соединений. Однако их применение нежелательно при заболеваниях щитовидной железы (особенно при гипертиреозе), печеночной, либо почечной недостаточности и при сахарном диабете. Есть также противопоказания при непереносимости йодных препаратов и гиперчувствительности к йоду [1,13; 2,319]. В качестве альтернативы йодным рентгеноконтрастным веществам (РКВ) используют препараты на основе низкомолекулярных хелатных комплексов гадолиния (Gd). Но данные препараты отличает высокая стоимость, а также менее четкое и контрастное изображение, чем получаемое с применением йодных препаратов [2,320].

Таким образом, существует необходимость в поиске более доступной, чем препараты Gd, альтернативы йодным РКВ. При этом искомое соединение должно обеспечивать высокое качество контрастного изображения, обладать низкой токсичностью и максимально быстро выводиться из организма.

В качестве модельного объекта для данного направления исследований был выбран трис-(2-карбоксиэтил)фосфиновый октаэдрический кластерный комплекс рения $[H_n\{Re_6Se_8\}(P(CH_2CH_2COO)_3)_6]^{n-16}$, поскольку он способен поглощать рентгеновские лучи, за счет локально концентрированных атомов рения в составе кластерного ядра. Кроме того, он характеризуются высокой химической и термической устойчивостью, хорошей растворимостью и отсутствием выраженного цитотоксического эффекта. Ранее нами было показано, что введение данного комплекса лабораторным мышам в дозах до 800 мг/кг массы тела не вызывает токсического эффекта [3,190].

Было проведено сравнение рентгеноконтрастных свойств кластерного ядра исследуемого комплекса ($\{\mathbf{Re_6Se_8}\}$) с коммерческим йодированным рентгеноконтрастным препаратом. Пересчет значений рентгеновской плотности растворов на 1 ммоль контрастных частиц показал, что эффективность поглощения рентгеновского излучения раствором кластерного ядра $\{\mathbf{Re_6Se_8}\}$ в 5,5 раз превышает таковую для йодированного РКВ. Таким образом, в препарате на основе данного кластерного ядра содержание тяжелого элемента будет ниже, чем у существующих аналогов, при сохранении качества контрастного изображения.

При помощи компьютерного томографа было проведено исследование поведения раствора трис-(2-карбоксиэтил)фосфинового октаэдрического кластерного комплекса рения организме млекопитающего. На снимке, сделанном до инъекции, просматривается только скелет животного, все внутренние органы рентгенонегативны. Однако уже через 3 минуты после введения раствора кластера в хвостовую вену хорошо контрастировано вещество почек, а также заметно, что часть кластера поступила в мочевой пузырь, обеспечив его рентгеноконтрастность. Через 15 минут после инъекции контрастными остаются только мозговое вещество почек и почечные лоханки, практически весь введенный раствор кластера обнаруживается в мочевом пузыре. Полученные данные свидетельствуют о том, что раствор исследуемого кластера за короткое время выводится через мочевыделительную систему.

Таким образом, трис-(2-карбоксиэтил)фосфиновый кластерный комплекс $[\mathrm{H_n}\{\mathbf{Re_6Se_8}\}(\mathrm{P(CH_2CH_2COO)_3})_6]^{n-16}$ представляет собой перспективный модельный объект для разработки нового класса рентгеноконтрастных соединений на основе октаэдрических рениевых комплексов.

Список использованной литературы:

1. Шимановский Н.Л. Безопасность йодсодержащих рентгеноконтрастных средств в свете новых рекомендаций международных ассоциаций экспертов и клиницистов // REJR – 2012 –Том 2 - №1 – стр. 12 - 19.
2. Spinosa D.J., Kaufmann J.A., Hartwell G.D.. Gadolinium Chelates in angiography and interventional radiology: a useful alternative to iodinated contrast media for angiography // Radiology – 2002 – V. 223 – p. 319-325.

3. А.А. Красильникова, М.А. Шестопалов, К.А. Брылев, О.П. Хрипко, В.Ю. Марченко, И.А. Кирилова, Л.В. Шестопалова. Новый класс рентгеноконтрастных соединений на основе октаэдрических металлокластерных комплексов // Материалы II Международного Форума «Инновации в медицине: основные проблемы и пути их решения. Высокотехнологичная медицина как элемент инновационной экономики». 22-23 марта, 2013 г., Новосибирск. - стр.184 - 191.

Киреева В.В., Апарцин К.А.

научный сотрудник отдела медико-биологических исследований и технологий ФГБУН Иркутский научный центр СО РАН (ОМБИТ ИНЦ СО РАН), кандидат медицинских наук, strelecia@rambler.ru, руководитель ОМБИТ ИНЦ СО РАН, профессор

ФАРМАКОГЕНЕТИЧЕСКОЕ ТЕСТИРОВАНИЕ КАК МЕТОД ИССЛЕДОВАНИЯ ТРАНСЛЯЦИОННОЙ МЕДИЦИНЫ

Возрастающая дистанция между практическим здравоохранением и накапливающейся теоретической информацией в области биомедицины диктует необходимость активного переноса (трансляции) результатов современных фундаментальных исследований, проясняющих механизмы основных метаболических процессов и возможности коррекции их нарушений, на этап эффективной медицинской помощи конкретному пациенту, т.е. персонифицированной медицине. Такой подход получил название трансляционной медицины [1,57; 14, 191].

Основой для трансляционной медицины является молекулярная диагностика, одним из видов которой является фармакогенетическое тестирование (ФГТ) – выявление аллельных вариантов генов системы биотрансформации и транспортеров лекарственных веществ, определяющих фармакологический ответ (генотипирование пациентов) [10, 3]. При этом в качестве источника ДНК (т.е. генетического материала) используют чаще всего кровь больного или соскоб буккального эпителия, что не требует предварительной подготовки. Результаты ФГТ представляют собой идентификацию генотипа больного по тому или иному полиморфному маркеру. Как правило, врач-клинический фармаколог интерпретирует результаты ФГТ – формирует рекомендации по выбору лекарственных средств (ЛС) и режиму дозирования для конкретного пациента. Применение таких тестов позволяет заранее прогнозировать фармакологический ответ на ЛС и персонализировано подойти к его выбору и режиму дозирования [8,9; 9,61].

Внедрение новых технологий тестирования, основанных на «микрочипах» (microarray-technology, ДНК-чипы), позволит определять не отдельные полиморфизмы конкретных генов, а проводить тотальный скрининг сразу всех аллельных вариантов в геноме человека, ассоциированных с изменением фармакологического ответа на то или иное ЛС, что, собственно, и является задачей фармакогеномики. При этом в будущем, станет возможным составление «генетического паспорта» пациента [7,6; 4, 58].

ФГТ не находят широкого внедрения в клиническую практику, но именно этот подход с успехом применен в кардиологии (оральные антикоагулянты, бета-адреноблокаторы, статины), пульмонологии (бета-адреномиметики), ревматологии (метотрексат), психиатрии (антидепрессанты, нейролептики, транквилизаторы), неврологии (противосудорожные препараты), онкологии (цитостатики) и т. д. Он позволит не только повысить эффективность терапии и снизить частоту развития нежелательных реакций, но и сэкономить на дорогостоящих ЛС, которые при эмпирическом выборе могут оказаться неэффективными для данного пациента[13,95; 14, 151]. В будущем ожидается увеличение количества фармакогенетических тестов, которые целесообразно использовать в клинической практике для персонализации выбора ЛС и их доз, также как и повышение доступности фармакогенетического тестирования для российских врачей и пациентов[8,9].

Перспективность ФГТ для практики отражена рекомендациях FDA (март 2005) [11]. В нашей стране ФГТ в клинической практике используют редко – в некоторых НИИ РАМН и крупных коммерческих медицинских центрах, хотя в России существует законодательная база для использования ФГТ в практическом здравоохранении. Так, в приказе Минздрава РФ № 494 от 22.10.03 «О совершенствовании деятельности врачей клинических фармакологов» - в крупных ЛПУ должны быть организованы лаборатории фармакогенетики, в которых будут проводиться исследования, результаты которых должны использоваться клиницистами для персонализированного подхода к выбору лекарственных средств и режиму их дозирования[9, 248]. В приказе Минздрава РФ, написано, что клинический фармаколог должен определять показания и интерпретировать результаты фармакогенетического исследования [6, 14] , что в настоящее время далеко от действительности.

Развитие трансляционной медицины позволит ускорить процесс внедрения достижений фармакогенетики и генетики в клиническую практику и поможет ответить, какие молекулярные процессы влияют на развитие тех или иных заболеваний, какие биомаркеры можно мониторировать с целью выявления мишени лечебного воздействия, как внедрить эту информацию для разработки медицинских рекомендаций и технологий лечения и диагностики заболеваний[3, 42].

Литература:

1. Ипатова О.М., Медведева Н.В., Арчаков А.И., Григорьев А.И. Трансляционная медицина путь от фундаментальной науки в здравоохранение//Вестник РАМН. – 2012. – №6. – С. 57–65.

2. Кнауэр Н.Ю., Лифшиц Г.И. Молекулярно-генетический подход к оптимизации современной антиагрегантной терапии // Бюллетень Восточно-Сибирского научного центра СО РАМН. – 2012. – № 2 (84). – С.143-152.

3. Лифшиц Г. И., Гуськова Е. В., Воронина Е. Н. Артериальные тромбозы: возможности генетического тестирования // Вестник гематологии. – 2010. – Том VI, – № 3. – С. 40-42.

4. Лифшиц Г.И., Филипенко М.Л., Шевела А.И. Персонализированная медицина: лечить не болезнь, а больного // Наука из первых рук. – 2012. – №2(44). – С.58-65.

5. Лифшиц ГИ, Данилкина СТ, Гуськова ЕВ, Воронина ЕН, Филипенко МЛ. Ассоциация генов, кодирующих белки гемостаза, с параметрами периферического гемостаза и предрасположенностью к атеротромбозам у пациентов с сердечно-сосудистыми заболеваниями // Кардиоваскулярная терапия и профилактика. – 2011. – №4. – С. 90-96.

6. Приказ Министерства здравоохранения РФ от 22.10.2003г. №494 «О совершенствовании деятельности врачей-клинических фармакологов».

7. Приказ Министерства здравоохранения РФ от 22.11.2010г. №1022н «Об утверждении порядка оказания медицинской помощи населению по профилю клиническая фармакология».

8. Сычев Д.А. Рекомендации по применению фармакогенетического тестирования в клинической практике. // Качественная клиническая практика. – 2011. – №1. – С. 3-10.

9. Сычев Д.А., Раменская Г.В., Игнальев И.В., Кукес В.Г. Клиническая фармакогенетика//М.: ГЭОТАР-Медиа. – 2007. – 248 с.

10. Belozerceva L.A., Voronina E.N., Kokh N.V., Tsvetovskaya G.A. , Momot A.P., Lifshits G.I., Filipenko M.L., Shevela A.I., Vlasov V.V. Personalized approach of medication by indirect anticoagulants tailored to the patient—Russian context: what are the prospects? // The EPMA Journal. – 2012, 3:10.

11. Guidance for industry. Pharmacogenomics data submissions. FDA. March, 2005

Изтлеуов Е.М., Изтлеуов М.К.

к.м.н., и.о.доцента кафедры акушерства и гинекологии Западно-
Казахстанского государственного медицинского университета имени
Марата Оспанова, Республика Казахстан
д.м.н., профессор кафедры естественнонаучных дисциплин Западно-
Казахстанского государственного медицинского университета имени
Марата Оспанова, Республика Казахстан
ermar80@mail.ru

СТРЕСС – ЛИМИТИРУЮЩЕЕ СВОЙСТВА ФИТОПРЕПАРАТА «СОЛОДКИ МАСЛО»

Стресс составляет важную часть повседневной жизни человека, повышая устойчивость к постоянно меняющимся факторам окружающей среды. Повреждающие эффекты стресс-реакции возникают как «издержки» активации стресс – системы в ответ на сильные стрессовые воздействия и избыточный «выброс» стресс гормонов. В свою очередь это приводит к прогрессирующему истощению организма и развитию дистресса, который сопровождается нарушением целого ряда функции организма [1;2]. Общим патогенетическим звеном в механизме воздействия на организм факторов среды и условий жизнедеятельности является избыточная продукция свободных радикалов, ускорение процессов перекисного окисления липидов и снижение антиоксидантной защиты. Поэтому проблема повышения резистентности организма к стрессу и связанные с ней аспекты профилактики последствий с помощью лекарственных растений солодки, лопуха, крапивы, обладающих широким спектром фармакологической активности (противовоспалительной, противоаллергической, иммуномодулирующей, антимутагенной, антиоксидантной, радиопротекторной) [3] является актуальной.

Целью исследования явилось изучение влияния фитопрепарата с антиоксидантным и противовоспалительным действием «Солодки масло» на развитие стресс-реакции.

Методы исследования. Работа выполнена на белых беспородных крысах-самцах массой 180-230 г. Животные были разделены на 3 группы (по 8-10 крыс-самцов в каждой): 1 группа – интактные, 2 и 3 группа – с моделированием 9–часового иммобилизирующего стресса (ИМС), путем фиксации животного на специальном столике в положении на спине в помещении, со стандартным освещением, температурой воздуха 18-20° и с изоляцией от посторонних шумов. Животные 3-ей группы, в отличие от второй (контрольной), получали «Солодки масло» (РК-ЛС-5-№011042) внутрижелудочно в дозе 2,5 мл/кг массы тела в течение 10 дней до ИМС. Перед моделированием стресса крысы 24 часа голодали в условиях свободного доступа к воде.

Исследования проводили с соблюдением принципов, изложенных в Конвенции по защите позвоночных животных, используемых для экспериментальных и других целей (г.Страсбург, 1986).

Определяли массу тимуса, селезенки, надпочечников, их массовые индексы (МИ), а так же наличие и количество язв слизистой оболочки желудка (СОЖ). Концентрацию малонового диальдегида (МДА) в сердце, легких и крови по реакции с тиобарбитуровой кислотой [4,5], активность каталазы (КА), супероксиддисмутазы (СОД) в крови по Чевари С. [6].

Статистическая обработка результатов исследования проводилась в MS Excel 6.0 с использованием функции t-распределения Стьюдента.

Результаты исследования и их обсуждение. Установлено, что 9-часовой ИМС сопровождается снижением МИ тимуса на 25%, селезенки на 35%, увеличением МИ надпочечников на 44%, в 100% случаев макроскопически различаемыми геморрагическими – язвенными дефектами СОЖ; количество язв колебалось от 5 до 12, в среднем – язвы на одного животного $7,6\pm1,1$ ($p\leq0,001$), с общей площадью – $0,169\pm0,08$ см^2, $p\leq0,05$).

Применение «Солодки масло» способствовало уменьшению выраженности инволюционных изменений тимуса и селезенки: МИ возрастают на 20 и 32% по сравнению с контрольной, тогда как МИ надпочечников достоверно снизился ($p\leq0,05$), что, по-видимому, можно расценивать как повышение адаптивных возможностей желез. Количество язв в среднем равнялось $2,0\pm0,9$ ($p\leq0,05$) на животного, а площадь поражения уменьшилась в 18,8 раза.

При ИМС наблюдается усиление процессов перекисного окисления липидов (ПОЛ): уровень МДА в сердце возрастает в 2,5 раза, в легких – в 1,5 раза, в крови – в 2,7 раза. Изменение показателей антиоксидантной активности эритроцитов крови носили разнонаправленный характер: активность КА снизилась на 30%, СОД повысилась на 13% ($p\leq0,05$).

Профилактическое введение «Солодки масло» блокирует активацию ПОЛ: в сердце количество МДА составил 68% от уровня стрессированных, в крови - уменьшилось в 1,93 раза, в легких - нормализовалось; активность КА и СОД эритроцитов находились на уровне данных интактных.

Полученные результаты исследования дают основание считать, что действующие компоненты фитопрепарата «Солодки масло» обладают способностью к сдерживанию стрессорного напряжения (антистрессорное свойство), о снижении степени выраженности кортикальной реакции свидетельствуют, и установленное нами, уменьшение тимико-лимфатической инволюции, блокирование стрессорной активации ПОЛ.

По-видимому, установленная стресс-лимитирующая активность фитопрепарата «Солодки масло» обусловлена большим содержанием в них флавоноидов, глицирризиновой кислоты, витамина С, Е [7]. Как известно, флавоноиды препятствуют падению уровня ГАМК и способствуют поддержанию ее содержания выше исходного уровня, под влиянием ферментов ГАМК превращается в ГОМК (гамма-оксимасляная кислота), последняя предотвращает развитие стресс реакции на воздействие стрессора [8]. Витамин С принимает активное участие в функционировании ГАМК-шунта, способствует поддержанию баланса тормозных и возбуждающих влияний в неокортексе.

Наконец, нельзя отрицать и возможное влияние на энергетический обмен. В работах Сахановой С.К. [7] показано увеличение энергетических субстратов в тканях мозга и печени, усиление метаболизма углеводов при применении фитопрепарата «Солодки масло». По-видимому, структурное сходство глицирретовой кислоты содержащейся в фитопрепарате со стероидами, стимулирует гликогенолиз, а повышение уровня глюкозы вызывает усиление действия инсулина на образование гликогена в печени, в итоге повышается энергообеспечения организма животных.

Литература

1. Селье Г. Стресс без дистресса // Пер. с англ. – М.:Прогресс, 1979. – 124 с.

2. Пшенникова М.Г. Феномен стресса. Эмоциональный стресс и его роль в патологии (продолжение) // Патол.физиол. и эксперим.терапия. – 2000. - №3. – с.20-26.

3. Алдиярова Н.Т. Фармакологическос обоснование применения масляных экстрактов лекарственных растений при бронхолегочной патологии (экспериментальное исследование): автореф. …. докт.мед.наук: 14.00.25. – Астана, 2006. – 44 с.

4. Стальная И.Д., Гаришвили Т.Г. Метод определения малонового диальдегида с помощью тиобарбитуровой кислоты // Современные методы в биохимии. Под.ред. акад. АМН СССР В.Н.Ореховича. – М.: «Медицина», 1977. – с.66-68.

5. Коробейникова Э.Н. Модификация определения продуктов перекисного окисления липидов в реакции с тиобрабитуратовой кислотой // Лабораторное дело. – 1989. - №7. – с.8-10

6. Чевари С., Андял Т., Штренгер Я. Определение антиоксидантных параметров крови и их диагностическое значение в пожилом возрасте // Лабораторное дело. – 1991. - №10. – с.9-13

7. Саханова С.К. Поиск и фармакологическое изучение новых нейротропных средств растительного происхождения: автореф .... докт. мед. наук:14.00.25. – Республика Казахстан, Актобе, 2010. – 45 с.

8. Тель Л.З. Валеология человека – философия жизни: В трех томах. Том первый. – Астана, 1999. – 424 с.

Изтлеуов Е.М., Изтлеуов М.К.

к.м.н., и.о.доцента кафедры акушерства и гинекологии Западно-Казахстанского государственного медицинского университета имени Марата Оспанова, Республика Казахстан;

д.м.н., профессор кафедры естественнонаучных дисциплин Западно-Казахстанского государственного медицинского университета имени Марата Оспанова, Республика Казахстан

ermar80@mail.ru

ВЛИЯНИЕ МАСЛЯНЫХ ЭКСТРАКТОВ ИЗ ЛЕКАРСТВЕННОГО РАСТИТЕЛЬНОГО СЫРЬЯ НА ЦИТОГЕНЕТИЧЕСКИЕ НАРУШЕНИЯ ПРИ КОМБИНИРОВАННОМ ДЕЙСТВИИ ХРОМА И БОРА

На сегодняшний день имеется ряд косвенных доказательств того, что достигнутый уровень загрязнения окружающей среды является генетически значимым. Проблема изучения отдаленных последствий действия химических веществ на организм человека особенно актуальна для регионов Западного Казахстана, в том числе и для такого промышленного города как Актобе – Актюбинская область является природной борно-хромовой биогеохимической провинцией. Соединения шестивалентного хрома относятся к опасным загрязнителям производственной и окружающей среды, обладающими мутагенными, канцерогенными свойствоми, а бора – гонадо-, эмбриотоксическими и входят в перечень потенциально опасных химических веществ по действию на репродуктивную функцию человека [1,2,3].

Для решения проблемы генетических последствий загрязнения окружающей среды наиболее эффективным представляется компенсационный подход, направленный на повышение устойчивости генетического аппарата к действию повреждающих факторов [4,5]. Это в свою очередь диктует необходимость направленного поиска растительных и синтетических средств, обладающих антимутагенной активностью в условиях воздействия поллютантов на организм и изыскание способов их профилактического применения.

В последнее время широкое применение в медицине находят масляные экстракты из лекарственного растительного сырья, имеющих ряд преимуществ по сравнению с водными и спиртовыми извлечениями из растительного сырья. Одним из растительных препаратов применяемых в медицине, является полифитовое масло «Шукур май» (РК-ЛС-5-№014855), в состав которого входят корни солодки, лопуха, ревеня и листья крапивы. Экспериментальным исследованиями установлено, что масляные эсктракты крапивы, корня солодки [6], корня ревеня [7] обладают антиоксидантным действием, препараты «Масло корня лопуха» и «Масло солодки» проявляют антимутагенные свойства в условиях хромовой интоксикации [8].

Все выше изложенное определило цель исследования – изучение влияния полифитового масла (ПФМ) «Шукур май» на частоту микроядер в соматических клетках и доминантных летальных мутаций (ДЛМ) в гаметах крыс-самцов при комбинированном действий хрома и бора.

Материалы и методы. Экспериментальные исследования были проведены на крысах линии «Вистар» массой 200-260 г. Животные содержались при естественном освещении на стандартном рационе в условиях свободного доступа к пище и воде. Самок в течение 14 дней выдерживали на карантине с целью исключения неконтролируемых беременностей. Контролем служила интактная группа животных. В качестве позитивного контроля была использована комбинация шестивалентного хрома, обладающей мутагенной и борной кислоты, обладающей гонадотропной, эмбриотокической активностью. Животные данной группы были обработаны однократной внутрибрюшинной инъекцией бихромата калия в дозе 14 мг/кг и внутримышечной - борной кислоты в дозе 10 мг/кг. Самцам опытной группы в течение 14 дней внутрижелудочно вводили ПФМ «Шукур май» в лечебно-профилактической дозе 2,5 мл/кг, последнее введение которого сочетали с однократной инъекцией бихромата калия и борной кислоты в указанных дозах соответственно. По окончании затравки (через 24 часа) и профилактического введения ПФМ, к каждому самцу на недельный срок подсаживали самок в соотношении 1:2. Подсадки самок проводили еженедельно, с целью проведения анализа доминантной летальности соответственно стадиям сперматогенеза самцов. Исследование проводили в течение трех недель на постмейотических стадиях сперматогенеза, что соответствовало участию в оплодотворении зрелых сперматозоидов (1-я неделя), поздних сперматид (2-я неделя) и ранних сперматид (3-я неделя). Эмбриональная смертность у плодов самок, забеременевших в 1-ю неделю, свидетельствовала о мутациях, произошедших в зрелых сперматозоидах, 2-я неделя соответствует поздним сперматидом, 3-я неделя – ранним сперматидам. Отсаженных от самцов самок выводили из эксперимента декапитированием, которое осуществляли под эфирным наркозом в соотвествии с этическими нормами и рекомендациями по гумапизации работ с лабораторными животными, отраженными в «Европейской конвенции по защите позвоночных животных, используемых для эскпериментальных и других целей» (Страстург, 1985). На 17 день беременности вскрывали брюшную полость, матку и анализировали эмбриональный материал.

Учет частоты микроядер (МЯ) в клетках костного мозга, полученных из трубчатых костей задней конечности экспериментальных крыс-самцов, производили по общепринятой методике [9].

Результаты и их обсуждение. Анализ полученных результатов исследования цитогенетических нарушений в соматических клетках крыс-самцов показал, что спонтанный уровень мутаций - частота МЯ в полихроматофильных эритроцитах (ПХЭ) костного мозга у интактных крыс составляла (5,2±1,0)‰. Однократное совместное введение бихромата калия и борной кислоты привело увеличению клеток с МЯ в 4,8 раза (25,0±6,5)‰, что свидетельствует о генотоксическом воздействий на генетические структуры ПХЭ костного мозга. Профилактическое применение ПФМ «Шукур май» приводит к снижению частоты МЯ в ПХЭ до (10,1±2,6)‰, т.е. в 2,5 раза; антимутагенный эффект составил 60%.

Анализ эмбрионального материала показал, что использованная, в качестве позитивного контроля комбинация хрома и бора, индуцировала увеличение количества мертвых эмбрионов и постимплантационной смертности (ПИС) во всех трех постмейотических стадиях сперматогенеза: в стадии зрелых сперматозоидов в 8,3 раза, в стадии поздних сперматид в 5,4 раза, в стадии ранних сперматид в 5,6 раза; ПИС увеличилась соответственно в 10,65 раза, в 8,45 раза, в 7,8 раза, частота ДЛМ составила 0,68; 0,64; 0,66 соответственно (в интактной - равнялась нулю), что характеризует выраженное повреждение генетического аппарата половых клеток крыс-самцов. Предварительное двухнедельное введение ПФМ в дозе 2,5 мл/кг способствовало достоверному снижению количества мертвых эмбрионов (в 2,65 раза, в 2,4 раза и 2,2 раза) и постимплантационных потерь (в 2,4 раза, в 2,7 и в 2,4 раза) на всех 3-х постмейотических стадиях спермогенеза по отношению к позитивному контролю, и повидимому, отражает гонадопротекторное и антимутагенное свойства ПФМ. Частота ДЛМ снизилась в 2,4 раза, в 1,6 и 1,7 раза соответственно постмейотическим стадиям; антимутагенный эффект составил на стадии поздних сперматид составил 63%, на стадии зрелых сперматозоидов и ранних сперматидов – 59 и 58% соответственно.

Таким образом, 14 дневное профилактическое применение ПФМ «Шукур май» в дозе 2,5 мл/кг приводило к снижению мутагенного влияния комбинации бихромата калия и борной кислоты как на соматические, так и половые клетки. Протекторный эффект полифитового масла проявлялся в снижении повреждении в генетических структурах изучаемых клеток, т.е. уменьшении мутации в них, предотвращении в определенной степени токсического влияния комбинации Cr и В. С учетом известных антиоксидантных, мембраностабилизирующих, и установленного в нашем эксперименте антимутагенных свойств, ПФМ «Шукур май», можно рекомендовать к применению в качестве средств защиты генетического аппарата.

Литература:

1.   Балезин С.Л., Шейко Л.Д., Чистякова Г.Н. и др. Клинико-лабораторная диагностика нарушений репродуктивной функции мужчин (на примере рабочих, контактируюших с соединениями хрома) // Актуальные проблемы репродукции семьи. Сб. Научных трудов. Екатеринбург, 1997. – с.111-119.

2.   Мамбеталин Е.С., Дощанова А.М., Курмангалиев О.М., Мамбеталин С.Е. Действие соединений хрома на мочеполовую систему. – Алматы: Санат, 2000. – 240 с.

3.   Перечень веществ, продуктов, производственных процессов, бытовых и природных факторов, канцерогенных для человека. Федеральные санитарные правила и гигиенические нормативы. ГН 1.1.029 – 95. Москва, 1995. – с. 3-7.

4.   Дурнев А.Д., Середенин С.Б. Мутагены (скрининг и фармакологическая профилактика воздействий). – М.: Медицина, 1998. – 328 с.

5.   Порошенко Г.Г. Антимутагены: Подходы к классификации и перспективы поиска активных соединений // Вест. Росс. АМН. – 1995. - №1. - с. 38-41.

6.   Айдарханова К.Л. Влияние масляных экстрактов крапивы и корня солодки на состояние перекисного окисления липидов и антиоксидантной системы организма: автореф. ... канд. мед. наук.- Москва, 2002. – 24 с.

7.   Нурбаулина Э.Б. Антиоксидантная активность масляного экстракта корня ревеня при лекарственных гепатитах (экспериментальное исследование): автореф. ...канд. мед. наук. – Актобе, 2010. - 24 с.

8.   Изтлеуов Е.М. Фармакологическая коррекция нарушений репродуктивной функции при избыточном поступлении шестивалентного хрома (экспериментальное исследование): автореф. ... канд. мед. наук. – Актобе, 2007. - 24 с.

9.   Журков В.С., Фельд Е.Г. Метод учета полихроматофильных эритроцитов с микроядрами в костном мозге млекопитающих // Статистическая обработка данных тестирования на мутагенность: Методические указания. – Вильнюс, 1989. – с. 21-23.

Процишин Н.А.
аспирант кафедры общей педагогики и дошкольного образования
Дрогобицкий государственный педагогический университет имени Ивана
Франко, natalie_pro87@mail.ru

ПОДГОТОВКА НАУЧНО-ПЕДАГОГИЧЕСКИХ КАДРОВ ДЛЯ ПЕДАГОГИЧЕСКИХ ИНСТИТУТОВ УССР ВНЕ АСПИРАНТУРЫ (1946–1951 гг.)

После войны началось постепенное возвращение профессорско-преподавательского состава вузов на довоенные места работы. До сентября 1944 г. в УССР вернулись и возобновили свою деятельность только 33% профессорско-преподавательского состава высших учебных заведений (ВУЗов) и 76% преподавателей педучилищ [1].

Недостаток научно– педагогических кадров побудил привлекать к образовательной работе преподавателей, которые сочетали основное место работы с дополнительным. Наиболее распространенным видом совместительства было сочетание работы в нескольких высших учебных заведениях, научно-исследовательских учреждениях и труда на предприятии. Низкой на протяжении исследуемого периода оставалась также эффективность работы аспирантуры педагогических институтов.

Недостаточный уровень научной квалификации преподавательских кадров педагогических институтов вынудил правительство принять ряд мер по ликвидации этого обстоятельства. Так, согласно постановлению Совнаркома УССР и ЦК КП(б)У от 10.01.1946 года, преподавателей без научной степени в течении 1946–1947 гг. обязывали сдать в установленные сроки кандидатские экзамены [3, 12]. Например, во Львовском педагогическом институте 12 преподавателей полностью или частично сдали кандидатские минимумы. В Киевском государственном педагогическом институте им. Горького 72 человек полностью сдали кандидатские минимумы, 34 – частично [3, 13].

В Одесском государственном педагогическом институте им. Ушинского 9 преподавателей сдали полностью кандидатские минимумы, в Полтавском – 10 преподавателей полностью или частично сдали кандидатские экзамены, в Черкасском – 10 преподавателей, Харьковском – 25 [3, 14].

В этих педагогических институтах профессорско-преподавательский персонал также интенсивно работал над повышением научной квалификации. Так, в Киевском государственном педагогическом институте им. Горького было защищено 16 кандидатских диссертаций, подготовлено к защите 3 докторских и 25 кандидатских диссертаций, во Львовском педагогическом институте была защищена 1 кандидатская диссертация, подготовлено 5, готовилось к защите 3 докторские и 16 кандидатских диссертаций [3, 13].

В Одесском государственном педагогическом институте им. Ушинского были защищены 1 докторская и 2 кандидатские диссертации, готовилось к защите 4 докторских и 9 кандидатских диссертаций [3, 14].

В других педагогических институтах это постановление руководства УССР и ЦК КП(б)У выполнялась очень медленно.

В общем, за текущий год преподавателями педагогических институтов было защищено 1 докторскую и 42 кандидатские диссертации, подготовлено к защите 4 докторские и 62 кандидатские диссертации. Над докторскими диссертациями работало 37 преподавателей, кандидатскими – 188 преподавателей педагогических и учительских институтов [3, 13].

Однако, этого было недостаточно для кадрового обеспечения педагогических институтов преподавательскими кадрами высшей квалификации. Управление по делам высшей школы при Совете Министров СССР, выполняя постановление ЦК РКП (б) и постановление XIII Пленума ЦК КП(б)У «О подборе и расстановке кадров», обязывали директоров вузов составить индивидуальные планы подготовки для каждого работника и планы повышения научной квалификации профессорско-преподавательского состава [2]. В результате принятых мер обеспечение педагогических институтов научно-педагогическими кадрами в течение 1947–1950 гг. улучшилось исключительно в результате защиты кандидатских диссертаций преподавателями вне аспирантуры. Так, в течение 1947 года было защищено 48 кандидатских и 1 докторская диссертации, представлены к защите 73 диссертации, из которых 5 – докторские, сдали кандидатские экзамены полностью 95, частично – 269 преподавателей [4, 4].

По неполным данным в течение 1948/49 учеб. года преподавателями педагогических институтов закончено 20 докторских и 114 кандидатских диссертаций. Работали над диссертациями 283 человека, в том числе на докторскими – 23. Закончили сдачу кандидатских экзаменов 202 преподавателей, частично – 229 [5, 25]. Наиболее активно это происходило в Киевском, Ворошиловоградском, Винницком, Харьковском, Одесском, Сталинском и Сумском педагогических институтах. Наиболее слабо происходила подготовка научно-педагогических кадров в таких педагогических институтах как Житомирский, Запорожский, Криворожский, Кировоградский, Мелитопольский, Нижинский и др., преподаватели которых не защитили и даже не подготовили к защите ни одной диссертации.

В 1949/50 учебном году преподавателями педагогических институтов закончено 1 докторскую и 43 кандидатские диссертации. Работали на диссертациями 271 человек, из них над докторскими – 41 преподаватель. Полностью сдали кандидатские экзамены 162, частично – 251 преподаватели [6, 5].

В течении 1950/51 учебного года 16 преподавателей закончили докторские диссертации и 329 – кандидатские, из которых успешно защитили 5 докторских и 85 кандидатских. 628 преподавателей работали над подготовкой кандидатских и 99 человек готовили докторские диссертации, 814 человек сдали кандидатские экзамены [7, 9]. Кроме того, Министерство образования УССР просило разрешить предоставить научные командировки в г. Москву 5 преподавателям Одесского педагогического института с целью консультирования и сбора материала для диссертаций [8, 190].

Количественно-качественный анализ архивных материалов свидетельствует о том, что в течении 1946-1951 гг. преподавателями педагогических институтов Украины было защищено 274 диссертации, из которых 9 – докторских. Несмотря на постепенное увеличение количества преподавателей высшей квалификации в педагогических институтах Украины, проблема их обеспечения преподавателями с учеными степенями кандидата и доктора наук оставалась нерешенной.

Литература

1. Прохоренко О. А. Науково-педагогічна інтелігенція України 1945–1955 рр. : політико-адміністративний тиск та морально-психологічний стан // Пам'ять століть. Історичний науковий та літературний журнал. – Вип. 6 (63). – К. : Генеральна дирекція з обслуговування іноземних представництв, 2006. – С.46–59.
2. Комуністична партія України в резолюціях і рішеннях з'їздів, конференцій і пленумів ЦК : в 2-х т. / голова В. І. Юрчук. – Т. 2 : 1941–1976. – К. : Вид-во політичної літератури України, 1977. – 1022 с.
3. Центральний державний архів вищих органів влади та управління України, м. Київ (ЦДАВО України), ф.166, оп.15, спр.306, 86 арк.
4. Там само, спр.441, 61 арк.
5. Там само, спр.626, 155 арк.
6. Там само, спр.822, 91 арк.
7. Там само, спр.957, 179 арк.
8. ЦДАВО України, ф.2, оп.8, ч.2, спр.7639, 148–190 арк.

Pankova I.M.
candidate of Philological Sciences, St-Petersburg branch named after
V.B. Bobkov of the Russian Customs Academy, Department of foreign
languages

INCORPORATING A GLOBAL COMPONENT AND CREATING A NEW FORM MENTALITY

Peoples, governments, and economies around the world are more connected and interrelated than ever owing to modern means of the technological communications. Therefore, it's vitally important to understand those connections for better cross-cultural conversations. While these world connections can be overwhelmingly positive, they have potential to result in cross-cultural prejudices as people interact in both old and very new ways. Though the school and university curricula are changing, they often fall short of addressing the unique needs in attracting new technological means that come with this change and can stretch the horizons of the students' vision and understanding of the foreign language and its culture . Many students in Russia and abroad are unaware of global factors and trends that affect their lives beyond their own neighborhoods, thus tending to underestimate the effects they, as individuals can have on the society and the course of history. Demands of the modern "digital" society to the professional education of the future foreign language teachers implies the new form of cultural and professional mentality. In the last few years we experienced the huge step forward in this field, but in many situations most teachers continue to rely on grammar approach in foreign language teaching. These issues are also of significance to educators who are considering teaching in a modern paradigm of new foreign languages specialists formation.

Traditional approach viewed foreign language acquisition as the following: "language learning as the acquisition of correct habits, and correct habits were learnt through repetition and reinforcement. The language instructor's role, then, was to ensure that correct habits were learned and that no one deviated from the path of accuracy" [1, 14]. In modern society the role of the foreign language teacher is transforming from the authoritative one. We view foreign language teaching as a tool for the reflection of cultural diversity. Linguistic education may serve as a basis for cross-cultural communication, creation of the new intercultural mentality of the future specialists in their professional communication. In the last decade in Russia and abroad we experience the growing interest of the society to foreign language teaching, a number of surveys conducted among American college students provide us with a bright picture of this shift in minds. Thus according to these polls among the reasons in favor of studying foreign languages are: "cultural understanding, individual job/career success, broaden personal perspective, communication, education, business/firm success, travel, self-improvement, national security, miscellaneous" [2, 389]. It becomes evident that reasons connected with culture understanding and future intercultural communication are the most important, the new aims for studying foreign language demand changes in the role of the teacher in the classroom. The role of the teacher is more than a simple transmitter of knowledge in the authoritative style; he should provide help in understanding culture, create the cultural atmosphere in the classroom and direct the situation in the class but not to rule it in the strict frames of the classroom activities. In this respect the use of modern technological means is a key to making your classroom interactive, to facilitating the education process not only in the classroom but outside it too. Modern technologies help to take the stress off from the students and allow them to reveal their talents. Such types of activities as creation of the on-line blogs, video presentations, creation of the power point presentations at various cultural and linguistic topics, the use of the professional networks develop students linguistic, creative skills immensely, motivates them.

Nevertheless, we should consider the following conflict in acquiring the new technologies and the communicative methods of teaching. The essential characteristics of the Russian old view of language learning was memorization, repetition and habit formation. On the contrary, the modern communicative language approach, which is actively applied in modern linguistic centers and the leading universities, views learning as "a skill development rather than a knowledge receiving process" [3, 5]. This can lead to the conflict in students' perception of the new teacher's role, they can reject it and consider communicative approach as the less fundamental one during the initial stage. This is the reason to form the new mentality not only among future foreign language teachers but among students in general, explaining that the foreign language acquisition is not the aim itself, but the source to self-development and professional growth, the way to be globally involved and become a global citizen. Students of new generation should be provided with all necessary sources of the authentic linguistic and extra linguistic means, with a fundamental technological basis, which will help them to achieve the highest professional education. Speaking about the technological side of the teaching process it is slowed down often by the lack of teacher's experience or technical support. Among modern trends to teaching the communicative skills and global component in the world we can single out:

- Enhancing the language practice through the social and professional computer networking, creation of blogs.
- Teaching receptive skills using video and cultural activities (via video cultural projects, when students are given a chance to create their own films within the framework of the studied topics). Video projects are successfully used in the

process of professional education, helping to involve students into the extra curriculum work while studying a foreign language.

- Using muted film clips in language teaching, or as a variation the usage of the economic news podcasts to practice the oral translation.
- Developing connections with other institutions around the world for creation the space for mutual cooperation via skype.
- Developing learner's autonomy in foreign language classes.

Modern technologies give the opportunities not only to find the necessary information related to the studied course but allow to interact with each other around the world, thus bringing in the global component in foreign language teaching. Communicative approach exposes students to a variety of special global topics and enriches what students are already learning in their classes by providing fresh view on the global perspectives and more in-depth information to class units, thus giving students critical knowledge and practical information.

In the conclusion it's possible to sum up Schools and universities remain the core institutions for the production, reproduction, transformation and transmission of values. Teachers play an important role in the success of the mission that schools seek to accomplish. It is important for foreign language teachers to be globally and technologically competent educators so that they, in turn, could nurture a global sensitivity in the students they work with in schools. By globalizing some of the existing courses in our institutions one can hope the next generation of teachers will encourage their students to be more knowledgeable about global issues. In addition, collaborative learning will make it possible for student-teachers to deliberate on contemporary issues affecting educators across the globe. We believe it is vital for teachers to be part of the living consciousness of a truly global community so that they can be suitably equipped to teach the same to their students. All this will contribute greatly to creation and operation in an educational climate that is more knowledgeable about foreign languages, different cultures, and worldviews.

Bibliographical references:

1. Lee, James F. Making communicative language teaching happen. Bookmart Press, 2003. – pps 300.
2. Joseph Price, Carolyn Gascoigne. Current perceptions and beliefs among incoming college students towards foreign language study and language requirements // Journal. Foreign language annals. Vol. 39, # 3, fall 2006. Pp. 383-393.
3. Janice Penner. Change and conflict: introduction of the communicative approach in China // TESL Canada Journal / Revue TESL Du Canada, Vol. 12, # 2, Spring 1995. Pp. 1-17.

Федорова С.В.
доцент, кандидат технических наук, ФГАОУ ВПО «Российский государственный профессионально-педагогический университет»
emk_svet@mail.ru
Папуловская Н.В
кандидат педагогических наук, ФГАОУ ВПО «Российский государственный профессионально-педагогический университет»
pani28@yandex.ru
А.В. Щипачев
студент магистратуры ФГАОУ ВПО Уральский федеральный университет имени первого президента России Б.Н. Ельцина,
г. Екатеринбург

ИНТЕРАКТИВНАЯ МУЛЬТИМЕДИЙНАЯ ОБУЧАЮЩАЯ СРЕДА «ЛАБОРАТОРИЯ ЭНЕРГОЭФФЕКТИВНОСТИ И ЭНЕРГОСБЕРЕЖЕНИЯ»

Перспективным направлением в развитии и совершенствовании современного образования является использование в образовательном процессе электронных ресурсов. Однако под электронным образовательным ресурсом (ЭОР) понимают совершенно разные средства обучения: от обыкновенной презентации, выполненной в MS Power Point до интерактивных обучающих систем.

Электронными образовательными ресурсами называют учебные материалы, для воспроизведения которых используются электронные устройства [1]. В самом общем случае к ЭОР относят учебные видеофильмы и звукозаписи. Для того, чтобы выделить образовательные ресурсы, созданные с использованием компьютерных программ, их называют цифровыми образовательными ресурсами (ЦОР), подразумевая, что компьютер использует цифровые способы записи/воспроизведения. Однако аудио/видео компакт-диски (CD) также содержат записи в цифровых форматах, так что введение отдельного термина и аббревиатуры ЦОР нецелесообразно. Следуя межгосударственному стандарту ГОСТ 7.23-2001, лучше использовать общий термин «электронные» и аббревиатуру ЭОР.

Как уже отмечалось выше, ЭОР варьируются от текстографических с навигацией по тексту до мультимедийных. Мультимедиа в переводе с английского означает «много средств». «Мультимедиа – это практически все спецэффекты в современном кино, мультипликация и компьютерные игры, все заставки и ролики на телевидении» [2]. В случае обучающей системы это слово обозначает представление учебных объектов множеством различных способов, т.е. с помощью графики, фото, видео, анимации и звука. Иными словами, используется всё, что человек способен воспринимать с помощью зрения и слуха. Существует еще одна особенность в понимании *мультимедийной обучающей среды* – это возможность одновременного воспроизведения на экране компьютера текста, видео и звука в некоторой совокупности, связанной логически и подчиненной определенной дидактической идее. Такую связную совокупность объектов справедливо называть «сценой». Использование театрального термина вполне оправдано, поскольку чаще всего в мультимедийном ЭОР представляются фрагменты реальной и (или) воображаемой действительности.

Важное требование к качественному обучающему продукту – интерактивность, что в переводе с английского означает «взаимодействие». Достаточно часто используют словосочетание «интерактивный режим работы». Вообще говоря, работа с компьютером имеет сама по себе интерактивный характер, но с точки зрения образования пользователь в интерактивном режиме решает учебные задачи. Интерактивный электронный контент – это содержание предметной области, представленное учебными объектами, которыми можно манипулировать, и процессами, в которые можно вмешиваться.

В современном ЭОР используются следующие педагогические инструменты: моделинг, мультимедиа, интерактивность и производительность пользователя.

Моделинг – имитационное моделирование с аудиовизуальным отражением изменений сущности, вида, качеств объектов и процессов. Образовательный ресурс, содержащий моделинг, вместо описания в символьных абстракциях даёт адекватное представление фрагмента реального или воображаемого мира.

На кафедре «автоматизированных систем энергоснабжения» Российского государственного профессионально-педагогического университета в г. Екатеринбурге создаются уникальные учебно-методические комплексы с мультимедийными обучающими программами по рабочим профессиям. Лаборатория энергоэффективности и энергосбережения включает в себя учебные стенды, имитирующие системы отопления, холодного и горячего водоснабжения с автоматизированной информационной системой для их управления. Обучение специалистов энергетического профиля в такой лаборатории предполагает использование мультимедийного учебно-методического ресурса. В обучающий ресурс включена имитационная модель трехмерной визуализации функционирования лаборатории с мультимедийным учебно-методическим руководством. Лаборатория энергоэффективности и энергосбережения выполнена в виде 3D-модели (рис.1). Эта модель позволяет перемещаться в виртуальном трехмерном пространстве и получить представление о структуре и составе лаборатории.

Визуализация трёхмерного пространства лаборатории выполняется с использованием технологии «Unity 3D». Unity – это мультиплатформенный инструмент для разработки двух- и трёхмерных приложений и игр, работающий под операционными истемами Windows и OS X.

Рис.1. Визуализация лаборатории в трехмерном пространстве.

Имитационная модель представляет собой программное приложение, предназначенное для отображения расположения в пространстве лаборатории объектов энергосберегающего оборудования. Объекты, составляющие сцену, визуализируются трехмерными компьютерными моделями, передающими их основные конструкторские особенности.

Программное приложение трёхмерной визуализации позволяет:

- отображать в трехмерном пространстве аудиторию-лабораторию;
- перемещать камеру наблюдателя по всем объектам лаборатории;
- отображать инженерные сети и модели;
- отображать изменение состояний объектов и связанных с ними процессов за счет изменения цвета их образов;
- для выбранных пользователем объектов отображать информацию о текущем состоянии оборудования.

Отличительной особенностью ЭОР является комплексность и интегрированность практического обучения с мультимедийными видеосюжетами, в которых подробно объясняется учебный материал (рис.2), а также возможностью моделирования реальных физических процессов с использованием электрооборудования системы электроснабжения аудитории.

Рис.2. Демонстрация видеосюжета в образовательном ресурсе

Разработанные мультимедийные обучающие программы являются полноценным продуктом, обучающим основным видам деятельности в области энергоэффективности и энергосбережения. Программы обладают высокой степенью достоверности, репрезентативностью и полнотой теоретического и практического учебного материала.

Интерактивность программ позволяет непосредственно управлять ходом практического обучения, выбрать необходимый для представления блок информации, что обеспечит возможность фокусировать внимание обучающихся на ключевых моментах лабораторных работ.

Для обеспечения высокой производительности работы пользователя ЭОР в процессе нетворческих, рутинных операций (например, поиска необходимой информации), обучающая среда снабжена необходимыми справочными материалами, к которым относятся глоссарий, СНиПы, приказы.

Применение в учебном процессе интерактивной мультимедийной обучающей среды существенно расширяет возможности преподавания, повышает доступность изложения, позволяет существенно уплотнить материал, насытить его наглядностью, экономить время занятий и устраняет необходимость приглашения эксперта предметной обрасти.

Обучающая среда «Лаборатория энергоэффективности и энергосбережения» позволяет в ходе практико-ориентированных лабораторных занятий интерактивного типа отрабатывать профессиональные задачи, ориентированные на содержание и структуру профессиональной деятельности специалистов энергетического, электротехнического профиля.

Литература

1. *Электронные* образовательные ресурсы нового поколения в вопросах и ответах [Электронный ресурс] // Документы и материалы деятельности федерального агентства по образованию за период 2004–2010 гг.. Режим доступа: http://www.ed.gov.ru/news/konkurs/5692#g5

2. *Папуловская Н.В.* Мультимедиа в образовании / Н.В. Папуловская // Уральский федеральный округ (УрФО): общественно-политический журнал/ Ин-т регион. политики. 2008. № 4–5. С. 109.

Толокнеева Е. И.
кандидат педагогических наук, доцент
Педагогический институт
Северо-Кавказского федерального университета, г. Ставрополь

К ВОПРОСУ ВАЖНОСТИ ИЗУЧЕНИЯ ПРЕНАТАЛЬНОЙ ПЕДАГОГИКИ

На современном этапе перед человечеством особенно остро стоит задача поиска путей нравственного и физического оздоровления. Для любой страны стратегически важно, чтобы будущее поколение людей было лучше и гармоничнее прежнего, именно поэтому необходимо найти эффективные способы оздоровления общества, одним из которых, очевидно, является грамотно организованная просветительская и образовательная деятельность с будущими родителями.

Многие исследователи в области психологии и педагогики (В.В. Абрамченко, И.В.Добряков, Н.П. Коваленко, Е.В. Могилевская, Р.В. Овчарова, Н.Д. Подобед, Н.А. Чичерина и др.) подтвердили важность пренатального развития ребенка как основы для его будущего воспитания, обучения и полноценного, творческого включения в человеческую культуру. Уже не вызывает сомнения, что многие черты характера будущего человека формируются в процессе внутриутробного периода, так как новорожденный к моменту своего появления на свет уже прожил девять месяцев, которые в значительной степени определяют направления его дальнейшего развития. Способность к добру и сопереживанию, чувство любви или неприязни, спокойствие или агрессивность, как и многие другие свойства личности, уровень физического здоровья закладываются в человеке с момента его зачатия.

Более ста лет назад ученые обратили внимание на то, что в мозгу новорожденных детей имеются атрофированные нейроны, от которых в значительной степени зависит интеллект будущего ребенка. Было выдвинуто предположение, что они атрофируются в период внутриутробного развития ребенка в связи с их невостребованностью. Однако, при систематическом и целенаправленном раздражении анализаторов путем опосредованного воздействия на ребенка через организм матери, или непосредственном воздействии на его тактильный и слуховой анализаторы, возможна активизация нейронов и стимуляция процесса образования межнейронных связей (Бертин А.М., Верни Т., Комова М.Е., Чичерина Н.А. и др.). Следовательно, результатом организованного, целенаправленного, систематического воздействия на пренатальную общность «мать–плод», является для ребенка фундаментальной профилактикой генетически не обусловленных соматических и психических расстройств, способствует формированию здорового, уравновешенного, творческого и открытого человека, обладающего физическим здоровьем и психологической готовностью к развитию новых связей с миром.

В связи с этим в конце семидесятых, начале восьмидесятых годов XX века сначала в Европе, а потом в Америке появились идеи о воспитании и развитии ребенка еще в дородовый период, был проведен ряд научных исследований, доказавших реальность развития и воспитания пренейта – еще не родившегося, формирующегося ребенка. Впоследствии появились новые специальные отрасли психологии и педагогики – **пренатальная психология** (peri-вокруг, около; natalis-относящийся к рождению), которая изучает, как события, происходящие во время беременности, родов, послеродовом периоде влияют на формирование психики взрослого человека и **пренатальная педагогика**, то есть педагогика дородового развития и воспитания ребенка, представляющая собой систему знаний о комплексном воздействии (через музыку, эстетические впечатления, положительные эмоции) на беременную, плод, семейную систему в целом, с целью оптимизации и гармонизации внутриутробного развития ребенка [1; 4].

Выделение в перинатологии области пренатальной педагогики было обусловлено, с одной стороны, развитием науки и получением многочисленных фактов, свидетельствующих о том, что у плода рано развиваются психические функции, о возможности установить с ним обратную связь. С другой стороны, возникло понимание, что профилактика осложнений течения различных этапов репродуктивного процесса во многом может быть основана на предоставлении женщине и мужчине тщательно отобранной информации об этом, снижающей тревогу перед неизвестным, на усвоении ими целого ряда навыков, на выработке поведенческих стереотипов.

Пренатальное образование стоит на пороге массового внедрения, что обусловливает необходимость просвещения молодых людей, будущих родителей, ответственных за здоровье нового поколения и нации. В презентации Международной организации ассоциаций перинатального образования (ОМАЕР) говорится, что широкое внедрение пренатального образования может иметь целый ряд благотворных последствий: личностный рост родителей, укрепление их взаимоотношений, обеспечение нормально протекающей, прожитой в полноценном общении с пренейтом беременности и более легкого родоразрешения. В связи с этим несомненен тот факт, что обучение потенциальных родителей (до зачатия и в период беременности) имеет огромную важность и возможно путем получения новой информации, приобретения новых навыков, опыта.

В тот же момент, широкое распространение обучения родителей, будучи, безусловно, положительным явлением, имеет и свою оборотную сторону. Если обучение проводится недостаточно компетентными специалистами, возможно появление большого количества негативных последствий, вплоть до формирования у родителей нездоровых амбиций, выражающихся в стремлении к несвоевременно раннему развитию детей. Завышенные притязания и требования к пренейтам и к детям раннего возраста, неправильные воспитательные установки приводят к перенапряжению, к развитию у детей нервно-психических нарушений и т.д. В связи с этим становится особенно актуальной проблема организации качественных методических разработок для родителей, подготовки квалифицированных преподавателей, налаживания системы лицензирования предлагаемых в этой области образовательных программ [3, с. 29].

В настоящее время в России важность и эффективность перинатальной педагогики признана и является обязательным разделом деятельности медицинских работников лечебно-профилактических учреждений охраны материнства и детства, где создаются «Школы материнства», «Школы молодой семьи» и пр. [6]. Однако в образовательных учреждениях пренатальная педагогика не нашла достаточного распространения. Сложившийся теоретический и методический потенциал знаний в области пренатальной педагогики не входит в систему высшего профессионального образования, что обедняет практику подготовки студентов к профессиональной и личной жизни. Хотя молодежь также должна являться категорией, получающей пренатальное образование, в том числе и с целью профилактики абортов, число которых, не смотря на обилие существующих сегодня методов предупреждения нежелательной беременности, продолжает оставаться на высоком уровне (особенно в молодежной среде). Зачастую именно из-за незнания особенностей внутриутробного развития ребенка, современных исследований и открытий в этой области, решение вопроса о сохранении беременности склоняется в сторону ее искусственного прерывания. Поэтому пренатальное образование в целом и пренатальная педагогика в частности может явиться эффективным средством профилактики этого явления.

Таким образом, пренатальная педагогика осуществляет профилактику искусственного прерывания беременности, развивает чувство родительства посредством формирования духовной связи между родителями и нерожденным ребенком, способствует нормальному течению беременности и рождению здоровых, желанных детей, укрепляет семьи, делая их более гармоничными и стабильными, и, как следствие, имеет большое значение для развития здорового социума в целом. Следовательно, значимость пренатальной педагогики в современном обществе неоценимо высока и эта важнейшая наука интенсивно развивается, заявляя о себе как о самостоятельной области знаний, необходимой в практике семейных отношений.

Литературные источники

1. Белогай К.Н. Введение в перинатальную психологию: Учебное пособие. – Томск: ТПГУ, 2008.

2. Верни Т. Рождение и насилие // Феномен насилия (от домашнего до глобального): взгляд с позиции пренатальной и перинатальной психологии и медицины / Под ред. проф. Г.И. Брехмана и проф. П.Г. Федор-Фрайберга. – СПб., 2005.

3. Добряков И.В. Перинатальная психология. – СПб.: Питер, 2010.

4. Кулакова Н. Воспитание до рождения // Аистенок. – 2003. – №11.

5. Подобед Н.Д. Внутриутробное воспитание плода // Перинатальная психология и акушерство: Учебное пособие / Под ред. проф. Н.А. Жаркина. – Волгоград: Волгоградская медицинская академия, 2001.

6. Приказ Министерства здравоохранения и социального развития Российской Федерации «О совершенствовании акушерско-гинекологической помощи в амбулаторно-поликлинических учреждениях» от 10 февраля 2003 г. – № 50.

7. Чичерина Н. А. Пренатальное воспитание и его интегративные функции // Сборник материалов III Всероссийской научно-практической конференции по пренатальному воспитанию «Медико-психологические аспекты современной перинатологии». – М.: Academia, 2003.

8. http://www.metodikinz.ru/publ/?page=.tss.minsk&dept=27 – Пехота Г.В. Пренатальное воспитание

Krsek O.Ye.

Ph.D., associate professor, Dean of Philology Department
at Volodymyr Dahl East-Ukrainian National University,
Luhans'k, Ukraine e-mail:myberry@mail.ru

MULTILINGUAL PERSONALITY IN GLOBAL INFORMATION ENVIRONMENT

Multilingualism is becoming a social phenomenon governed by the needs of global information environment. There is no such thing as a country with just one language and one culture. All countries are multilingual and multicultural. Alleman-Ghionda states, ...in a world where more and more people grow up and live with various cultural references - even more so after the expansion of the internet – it is meaningless to stick to the monistic concept of identity. Identity can be multiple, it can be plural [1, 185]. Language can become a cultural influence that shapes an individual's personality. For a person who is multilingual, this means that there are several languages that help shape his or her personality. Psychiatrist Frantz Fanon states, "To speak means to be in a position to use a certain syntax, to grasp the morphology of this or that language, but it means above all to assume a culture, to support the weight of a civilization" [2, 293]. Owing to the ease of access to information facilitated by the Internet, individuals' exposure to multiple languages is becoming increasingly frequent thereby promoting a need to acquire additional languages.

A multilingual person, in a broad definition, is one who can communicate in more than one language, be it actively (through speaking, writing, or signing) or passively (through listening, reading, or perceiving). When you speak a language fluently, you understand the cultural underpinnings of that society which is then reflected into your personality. Researcher Dieter W Halwachs also found that an individual's "repertoire" of languages is reflected in their personality as well as part of his or her identity [3]. People who speak multiple languages are not necessarily in identity crisis because they are a part of many cultures. It is not practical to think that they can only have one identity and that otherwise they appear as an outsider. Identity is also thought of as a goal that a person can attain and will remain stable from then on. However, identity is, as researcher Charlotte Burck describes, always being actively constructed and renegotiated [4]. In the book, Growing up with Three Languages: Birth to Eleven, Xiao-lei Wang describes how her children showed a trend representing themselves differently in each language. She states: When describing his visit to Paris, Dominique did not just directly translate his experience from one language to another and use the same sets of words and expressions. Instead he picked up different aspects of the experience when speaking to different listeners [5, 185]. Globalization is one of the most prominent landmarks in the world's modern information environment. English is in the lead of world languages in what concerns communication and publication. It is spoken by 508 million people (this figure includes those who use English as a second language) but this is less than 8% of the world population . More than 92% of people on earth do not understand English; therefore, whatever is produced or published in this language has no value for them. More than 1.5 billion people now have access to the internet; the great majority of them don"t share your culture and your values. Multicultural Communication is not only about talking to these people in their languages. Mother tongue is still the first choice to interact with the world. People are more confident and more secure when they use their own language in any comprehension or expression process. As total number of Internet users in the World is around 1.5 billions, English language represents 30.4%. Adding one of the top 9 languages (Chinese, Spanish, Japanese, French; German, Arabic, Portuguese, Korean and Italian) to English may increase your presence in global information environment by (2.4%-16.6%) and adding the 9 languages will increase the figure to 84.8%! This is what Multilingualism does mean in terms of figures: delivering information in languages understood by 85% of people on earth instead of 30%.

One of the first people to develop the concept of the information society was the economist Fritz Machlup. In 1933, Fritz Machlup began studying the effect of patents on research. His work culminated in the study The production and distribution of knowledge in the United States in 1962. Fritz Machlup (1962) introduced the concept of the knowledge industry. He distinguished five sectors of the knowledge sector: education, research and development, mass media, information technologies, information services. The idea of a global Information Society can be viewed in relation to Marshall McLuhan's prediction that the communications media would transform the world into a "global village." Progress in information technologies and communication is changing the way we live: how we work and do business, how we educate our children, study and do research, train ourselves, and how we are entertained. The information society is not only affecting the way people interact but it is also requiring the traditional organisational structures to be more flexible, more participatory and more decentralized [3]. Here is a definition from the IBM Community Development Foundation in a 1997 report, "The Net Result - Report of the National Working Party for Social Inclusion." Information Society: A society characterised by a high level of information intensity in the everyday life of most citizens, in most organisations and workplaces; by the use of common or compatible technology for a wide range of personal, social, educational and business activities, and by the ability to transmit, receive and exchange digital data rapidly between places irrespective of distance. As V.I. Gritsenko, A.V.Anisimov (International Scientific and Training Center of Information Technologies and Systems, Kiev, Ukraine) state in their work "Multilingual Environment in the Cyberspace", …information revolution is the global phenomenon that has an impact on all nations. Nobody can stay out of the

Information Society. That is why nowadays problems of ethical, cultural and social type has an increasing value. Only in resolving these problems the Information Society can achieve the declared goal of globalization: to promote quality of life and sustain a cohesive development. Nowadays there are near 3000 spoken languages in the world and only 100 of them are written. Such a variety of languages under increased value of international contacts, high intensity of information flows of economic, political, scientific, technological and social types put forward as a priority task the development of human language technologies. Multilingualism is an inevitable historical attribute of the international communication process. The notion "multilingual information society " solidly occupies the place in the range of problems discussed by computer science specialists and predefined strategic directions of many international organizations and companies dealing with information distribution and processing. To conclude, the development of the language diversity on the networks has to face various economic constraints. Electronic communication tools now hold a key role in the circulation of information and access to knowledge. They are also instrumental in establishing a dialogue between people from different backgrounds. As is the case with the Internet, they provide access to an ever larger knowledge base in an almost limitless number of fields. The development of multiple interconnections, however, pose a number of problems; language barriers but also the risk that one single language might become the standard in all forms of communications are some of the major challenges to the development of electronic networks [7, 2].

Literature:
1. Tokuhama-Espinosa, T. (2003). The multilingual mind: Issues discussed by, for, and about people living with many languages. Westport, Connecticut: Praeger Publishers. p. 185.
2. Melber, H (1981). "Black skin, white masks". Das Argument 23 (126): 293–295.
3. Halwachs, D.W. (1993). "Polysystem repertoire and identity". Grazer Linguistische Studien. 39-40: 71–90.
4. Burck, C. (2005). Mulilingual living: Explorations of language and subjectivity. New York: Palgrave Macmillan.
5. Wang, X. (2008). Growing up with three languages: Birth to eleven. Briston, United Kingdom: Multilingualism Matters.22   a b Wang, X. (2008). Growing up with three languages: Birth to eleven. Bristol, United Kingdom: Multilingualism Matters. p. 185.
6. Chair's conclusions from the G-7 Ministerial Conference on the Information Society, February 1995.)
7. Language Diversity in the Information Society// Final Report: International Symposium organized by the French commission for the UNESCO, 9 -10 March 2001, UNESCO, Paris.

Иуков Е.А.

к.полит.н., доцент кафедры политических наук Федеральное государственное бюджетное образовательное учреждение высшего профессионального образования Кемеровский государственный университет, г. Кемерово

РЕИДЕОЛОГИЗАЦИЯ СОВРЕМЕННОГО РОССИЙСКОГО ОБЩЕСТВА

Морально-нравственная дезориентация и разрушение целостного мировосприятия, утрата понимания исторического смысла существования и дискредитация прошлого страны – это симптомы идеологического кризиса, характерного для современного отечественного сознания. Нужна ли идеология, есть ли необходимость реидеологизировать общественное сознание?

В европейской философии, социологии и политологии ХХ в. сложились несколько основных подходов к представлению идеологии (неомарксистский, постпозитивистский, феноменологический, психоаналитический, социосемантический).

С одной стороны, развивалась традиция «критики идеологии», с другой – сформировалось «технологическое» направление, стремящееся изучать идеологию в целях ее практического применения в политике и управлении.

В начале 60-х гг. ХХ в. лидерами подхода к деидеологизации общества стали Р. Арон, Д. Белл, С.М. Липсет, К. Поппер.

Установка на сциентизм, связанная с глубокой верой в науку и технику, развитие которых повлекло существенное повышение уровня благосостояния населения, способствовала распространению идеи, что на смену идеологии должен прийти научно-рационалистический подход к решению всех социальных проблем.

Наука, располагающая объективным знанием, противопоставлялась идеологии как выразительнице социально-классовых интересов и атрибутивному элементу тоталитарных обществ. Утверждалось, что научно развитое общество более не могло позволить себе находиться во власти идеологических иллюзий.

Однако миф о свободном от идеологии обществе не выдержал соприкосновения с практикой. В 70-х гг. ХХ в. как реакция на развернувшиеся в мире демократические и освободительные движения возникла концепция реидеологизации (Дж. Лодж, О. Лемберг, Я. Барион). В частности, по мнению О. Лемберга, «целью идеологии является не истина, а выполнение общественно-значимых функций управления, воспитания и мировоззренческого самоопределения как отдельного человека, так и социальных групп»[1, 47].

В современных российских исследованиях идеологии наблюдаются следующие тенденции: нацеленность на изучение структурных и функциональных характеристик идеологии (Ю.Г. Волков, Н.В. Шеляпин, В.Э. Гончаров); сконцентрированность на социально-политических и социально-философских аспектах проблемы с точки зрения их применимости к изучению российского общества (А.С. Панарин, К.С. Гаджиев, Э.П. Теплов, А.В. Жукоцкая, С.Г. Кара-Мурза); описание идеологий либерализма, консерватизма, социал-демократии (В.В. Согрин, Ю.А. Красин, Б.Ф. Славин).

Исследователи общественного сознания пришли к пониманию, что неидеологического положения субъекта в обществе не может быть, потому что все социальные институты построены в соответствии с определенными материальными, духовными и социальными потребностями субъектов, а их воспроизведение и функционирование обеспечивается системой идеологических отношений. Идеология – это часть мировоззрения, отвечающая за социальную, политическую и национальную идентичность человека, выражающая систему ценностных приоритетов, обеспечивающих стремление к удовлетворению потребностей. Идеология объединяет людей на основе воспринятых идей, формулирует и распространяет ценности, могущие стать социальными нормами, дает образ мира, его интерпретацию и подходы к его познанию, моделирует будущее через идеалы и программы, направленные на их реализацию.

Идеология играет важную роль, воздействуя в процессе социализации на когнитивные структуры, задающие интерпретацию общественных явлений.

Идеологический хаос, в котором оказалось российское общество после крушения советской системы, был спровоцирован не только отказом от марксизма как идеологии, но и последовательной деятельностью либерально ориентированных политологов, историков и философов, стремящихся к деидеологизации национального сознания. С.Г. Кара-Мурза в монографии «Манипуляция сознанием» описывает применявшиеся в 90-е гг. прошлого века приемы манипулирования сознанием, формирование стереотипов оппозиционности, антигосударственности, «черных мифов» о советском строе [2].

Ввиду отсутствия идеологических ориентиров в современной России идет формирование альтернативных систем ценностей, что выражается в росте апатии, девальвации духовных ценностей, а как следствие, в тотальной деморализации общества. Данные тенденции ведут к снижению творческого потенциала народа, что сказывается на динамике и качестве общественных изменений. В то же время все чаще уделяется внимание проблеме создания российской общенациональной идеи, адекватной существующим реалиям, которая выступит квинтэссенцией национальных идей различных народов, проживающих в стране, согласовав их национальные интересы и цели развития.[3].

Подводя итог вышесказанному, можно сделать ряд выводов. Во-первых, стремление освободить общество от «идеологических пут» является всего лишь замаскированной попыткой распространения идеологии либерализма, базирующейся на прежних идеологических установках, облаченных в более приятные для общественности одежды.

Во-вторых, идеология является неотъемлемой частью государственной стабильности, отсутствие идеологических ориентиров ведет к подрыву общенациональных ценностей, дезориентации человека в социуме.

В-третьих, в современной России происходит явная реидеологизация общественной жизни, усматривается необходимость в выработке идеологии, способной выступить консолидирующим фактором в становлении новой российской государственности.

Литература:

1. Lemberg O. Ideologie und Gesellschaft. Eine Theorie der ideologischen Systeme, ihrer Struktur und Funktion. Stuttgart. 1971 350 c.
2. Кара-Мурза С.Г. Манипуляция сознанием. – М. : Эксмо, 2011 864 c.
3. Национальная идея России. В 6 т. Т. I. — М.: Научный эксперт, 2012. — 752 c.

Юрченко М.В.
доцент, канд. полит. наук, Кубанский Государственный Университет
E-mail: mvyurchenko@mail.ru
Юрченко Н.Н.
канд. полит. наук, Кубанский Государственный Университет
E-mail: nnyurchenko@mail.ru

ПОЛИТИКО-ЭКОНОМИЧЕСКАЯ ИНТЕГРАЦИЯ КАК ИДЕОЛОГИЯ ОПТИМИЗАЦИИ УПРАВЛЕНЧЕСКИХ ВОЗДЕЙСТВИЙ В СОВРЕМЕННОМ РОССИЙСКОМ СОЦИУМЕ

Чтобы быть успешной в сложном, многосоставном обществе, власть обязана обеспечить безопасность и выживание конструктивных социальных субъектов, способствующих преодолению кризиса доверия, кризиса легитимности, кризиса управляемости и являющихся базой формирования общегражданской идентичности. Распад ценностного единства и фрагментация социальной действительности свидетельствуют об опасности прекращения необходимых интеграционных процессов в обществе. С одной стороны, стремление к реализации вестернизаторских моделей общественной трансформации, а с другой – заинтересованность в декларировании самобытности и сохранении status quo, по сути отрицающих развитие России в русле мировых ценностей, привели к расколу в общественном сознании, который проявился в тотальном кризисном миропонимании. Социальная депривация поразила все сферы постсоветского общества и надолго ещё более затормозила возможности понимания множественности форм современности, значимости социокультурной динамики и институционального конструирования социальной реальности, соответствующей требованиям инновационного развития. Актуальность рассматриваемой темы объясняется необходимостью повышения эффективности политико-экономических взаимодействий на основе научного инструментария выявления технологий оптимизации административных практик. Научно-теоретическая и практическая значимость данной работы заключается в том, что обосновывается необходимость новой политико-экономической парадигмы, содержательно включающей концепцию интегративной идеологии, основные положения которой могут быть использованы в качестве методологической основы новых целевых программ. Новизна предлагаемой работы состоит в том, что в такой постановке научных проблем и сочетании теоретических концептов данная тема исследуется впервые. В статье рассматриваются идеологические аспекты повышения эффективности управления как социально-гуманитарной технологии осуществления стратегии политико-экономической модернизации. В этой связи определение значения политико-экономической интегративной идеологии для оптимизации управленческих воздействий в современном социуме и повышения конкурентоспособности хозяйствующих субъектов имеет первостепенное значение. Рассматривая интегративную идеологию как политико-экономическую формулу оптимизации управленческого процесса, нацеленную на обеспечение возможности конструктивного взаимодействия различных социально-политических сил, можно утверждать, что именно способы консолидации сообщества должны быть стержневым элементом модернизации. Ее разработка связана с экономическими интересами диверсифицированных социальных групп, которые в совокупности выступают в качестве носителя – субъекта идеологии реформ. Как утверждают специалисты, государство вправе считать успешной такую реформу, которая выводит его на долговременные капиталоемкие проекты (мегапроекты), представляющие собой инвестиционные вложения особо крупного размера (более 1 млрд долл.), глобального характера, независимо от пространственного уровня реализации и преобразующие политико-экономическую сферу [1, 210]. В настоящее время, когда в мире сложились благоприятные условия для спекулятивного сектора предпринимательства, оказавшего негативное влияние на весь международный порядок, основным элементом новой политико-экономической парадигмы развития нашей страны должна стать поддержка реального сектора экономики, в первую очередь тех предприятий, которые относятся к инфраструктурным, обеспечивающим реализацию социальных программ, а значит и внутриполитическую стабильность и интеграцию, как условий общественной безопасности, реализуемой поддержанием баланса интересов различных социальных групп. Процесс интеграции России в мировою экономическую систему может происходить только при условии, если внешняя интеграция будет сопровождаться и дополняться внутренней, проявляющейся в эффективном функционировании региональных экономик, повышения внутреннего экономического потенциала территорий, обусловленного укреплением горизонтальных связей. В стратегическом планировании последних лет в России наметились тенденции отказа от принципов бюджетного выравнивания и перехода к принципам создания «опорных регионов». Так, по оценке экспертов, несмотря на стабильный рост ВРП по регионам Северо-Кавказского федерального округа, здесь не происходит повышения качества жизни населения, а наоборот, наблюдается его снижение в результате отставания в развитии социальной инфраструктуры, что ведет к эскалации социально-политической напряженности в ряде субъектов Федерации. То есть, формирование горизонтальных связей внутри страны создает дополнительные ресурсы для реализации интеграционной политики в трансграничном измерении. Несмотря на то, что конфликты вообще имеют идеологическую природу, в современной России необходима идеология как некая субстанция, существующая над социальными, политическими, экономическими и этническими разногласиями, объединяющая мобилизующая многосоставное мультикультурное общество на реализацию стратегии развития. Однако сам по себе модернизационный проект неоднозначно трактуется представителями различных групп интересов и в обществе в целом и внутри правящего класса, поэтому интегративная идеология необходима для создания условий устойчивого политико-экономического развития страны [2, 291]. Идеология, являясь особым типом духовного освоения мира, выражает интересы субъектов политико-экономического процесса, отражает проблемы социальной целостности и имеет систематизированную теоретическую форму. Ее разработка связана с экономическими интересами диверсифицированных социальных групп, которые в совокупности должны выступить в качестве носителя – субъекта данной идеологии. В этой ситуации дополнительный импульс получили разработки интеграционных моделей оптимизации управленческого процесса. По мнению В.В. Путина, «по сути речь идет о превращении интеграции в понятийный, привлекательный для граждан и бизнеса, устойчивый и долгосрочный проект, не зависящий от перепадов текущей политической и любой иной конъюнктуры» [3]. Рассмотренное нами ранее понятие административных практик как способа действия административных структур в ситуациях необходимости выбора оптимальных моделей реализации политико-управленических решений, их достаточно жёсткой формализации официального нормативного утверждения и разработки практических и технологических мероприятий по осуществлению [4, 137-141], включает значительную формализацию и официально-нормативную основу осуществления технологических мероприятий, которые можно оценивать, применяя критериальный анализ эффективности управленческого процесса. В этой связи необходимо рассмотреть взаимообусловленность развития административно-политической, экономической и социальной сфер жизни общества как фактора раскрытия трансформационного потенциала современного социума и возможности использования имеющейся ресурсной базы. Выработка рациональных стилей поведения представителей бизнеса и госчиновников с целью конструктивного урегулирования противоречивых интересов предполагает перевод отношений в формально-правовое поле с учётом сокращения избыточного администрирования и усовершенствования контрольно-надзорных и разрешительных функций органов власти.

1. Митрофанова И.В., Жуков А.Н. Территориальные мегапроекты: риски реализации и перспективы для Юга России // Фундаментальные проблемы пространственного развития Юга России: междисциплинарный синтез. – Ростов-на-Дону: Изд-во ЮНЦ РАН, 2010. С. 210-213.

2. Юрченко М.В., Юрченко Н.Н Идеологические аспекты противодействия деструктивным процессам в политико-информационном пространстве (по материалам пилотажного социологического исследования) // Гуманитарные, социально-экономические и общественные науки. 2013. № 1. С. 291-300.

3. Новый интеграционный проект для Евразии – будущее, которое рождается сегодня // Известия №182 от 03.10.2011 htpp://www.izvestia.ru/news/502761/

4. Юрченко Н.Н. К построению научно-теоретической модели исследования оптимальных административных практик в области политического и государственного управления // Теория и практика общественного развития. 2010. № 4. С. 137-141.

Орцева Е.С.
аспирант, Институт государственного управления Черноморского
государственного университета имени Петра Могилы
e-mail: lenochka_lyapina@mail.ru

АНАЛИЗ ПОНЯТИЯ «ГРАЖДАНСКОГО ОБЩЕСТВА» КАК ОБЩЕСТВЕННО-ПОЛИТИЧЕСКОГО ЯВЛЕНИЯ

Проблема формирования и развития гражданского общества обусловлена потребностями практики, в первую очередь утверждением такой глобальной тенденции, как демократизация общественных процессов, которая постепенно, но неотвратимо охватывает собой все более заметный массив народов и стран мира, разворачивается на территории Украины все с большей активностью и перспективой. В связи с этим значительно возрос научный интерес к исследованию проблем теории и практики гражданского общества.

Важное значение для решения проблем, связанных с определением содержания гражданского общества, приобретают работы исследователей: Е. Арато, Д. Коэн, Т. Кузьо, В. Ледяев, В. Андрущенко, А. Карась, А. Колодий, И. Мерсиянова , А. Рамонайте, А. Сунгуров, Л.Якобсон, А. Цисарж и др.

Целью данного исследования является проведение анализа понятия «гражданское общество» как общественно-политического явления.

Термин «гражданское общество» является одним из наиболее дискуссионных научных категорий. При всем разнообразии интерпретаций гражданского общества, подавляющее большинство исследователей сходятся на том, что понятие гражданского общества применяется для изучения неполитической части общественной системы и имеет определенную аналитическую нагрузку только в случае разграничения общества и государства.

Так, А. Колодий определяет, что гражданское общество – это сфера общения, взаимодействия, спонтанной самоорганизации и самоуправления свободных индивидов на основе добровольно сформировавшихся ассоциаций, которая защищена необходимыми законами от прямого вмешательства и регламентации со стороны государства и в которой преобладают гражданские ценности [6, с. 277].

Такого же мнения придерживаются Дж. Л. Коэн и Э. Арато, Н. Нижник, В. Пича, А. Скрипнюк, В. Никитин, Д. Ольшанский, В. Федоренко характеризуя гражданское общество как систему общественных отношений, существующих вне государства.

Например, Дж. Л. Коэн и Э. Арато под гражданским обществом понимают сферу социальной интеракции между экономикой и государством [4, с. 7]. Н. Нижник конкретизирует, что гражданское общество - общество с развитыми экономическими, политическими, духовными и другими отношениями и связями, которое взаимодействует с государством и функционирует на принципах демократии и права. Построение гражданского общества является целью общественного развития, средством всестороннего обеспечения интересов, прав и свобод человека и гражданина [5]. Уместно учесть уточнения известного отечественного исследователя А. Скрипнюка, который обобщает и указывает на совокупность неполитических отношений в гражданском обществе, то есть экономические, духовно-нравственные, религиозные, национальные и т.п. [8, с. 376].

Существует еще целый ряд подходов к современному толкование понятия «гражданское общество».

Один из них базируется на том, что гражданское общество состоит из государственных органов и населения, объединенное в социальные группы. Это государство особого типа, в которой юридически обеспечены и политически защищены основные права и свободы личности [9]. Такого мнения придерживаются авторы С. Голенкова, В. Витюк, Ю. Гридчин, А. Черных, Л. Романенко, А. Габриэлян.

О. Габриэлян под гражданским обществом понимает модель общества высокоразвитых демократических государств Запада, которые представляют собой самоорганизующиеся сообщества людей. Здесь нет противопоставления государства и гражданского общества как подструктур самоорганизации общества [3, с. 4].

Гражданское общество характеризуется как система общественных институтов. Так считают А. Брегеда, В. Безродная, А. Нездюров, А. Сунгуров, А. Рамонайте, Б. Политюк.

В толковании А. Брегеды гражданское общество – это общество граждан, которое характеризуется самоуправлением свободных индивидов и обровильно сформированных ими организаций [2, с. 148]. Российские ученые А. Сунгуров, А. Нездюров понимают гражданское общество как разветвленную сеть свободных ассоциаций граждан, которые уважают законы государства, защищающего права отдельных граждан, которые умеют и хотят влиять на законотворческий процесс, без вмешательства в их ежедневную деятельность [10, с. 210]. Ряд существенных черт в сложном социальном феномене – гражданском обществе выделяет В. Безродная, указывая на наличие автономных, равноправных юридически индивидов, наличие многих внегосударственных общественных ассоциаций, отражающих разные личные интересы людей и создают условия для их реализации; открытый характер этих ассоциаций, их свободное доступ в политическую сферу; определенную степень приверженности общим ценностям [1].

Б. Политюк утверждает, что гражданское общество – это система самостоятельных и независимых от государства общественных институтов и отношений, которые обеспечивают условия для реализации частных интересов и потребностей индивидов и коллективов, жизнедеятельности социальной, культурной и духовной сфер, их воспроизводства и передачи от поколения к поколению [7, с. 3].

Проанализировав указанные научные подходы, мы пришли к выводу, что гражданское общество – система независимых от власти общественных институтов, функционирующих на демократических началах, которая вступает с властью в экономические, социальные, культурные, духовные, правовые и политические отношения, что проявляется в процессах подготовки, решений и контроле за их выполнением. Гражданское общество имеет сложную внутреннюю структуру, которая характеризуется составом участников (институтами), их принципами деятельности, функциями и нормами.

ЛИТЕРАТУРА

1. Безродна В. I. Особливості формування громадянського суспільства в процесі політичної модернізації України: автореф. дис. ... канд. політ. наук: спец. 23.00.02 «Політичні інститути та процеси» / В. I. Безродна. – Одеса, 2003. – 16 с.

2. Брегеда А. Ю. Основи політології: [навч. посібн.] / А.Ю. Брегеда. – К.: КНЕУ, 2000. – 312 с.

3. Габриелян О. А. Теория и практика формирования гражданского общества в Украине / О. А. Габриелян // Ученые записки Таврического национального университета им. В. И. Вернадского. – Т. 17 (56). – № 2. – Сімферополь: Таврический национальный университет им. В. Вернадского, 2004. – С. 3–15. – (Серия «Политические науки»).

4. Коэн Д. Л. Гражданское общество и политическая теория / Д. Л. Коэн, Э. Арато; [пер. с англ.; общ. ред. И. И. Мюрберг]. – М.: Изд-во «Весь Мир», 2003. – 784 с.

5. Нижник Н. Контроль у сфері державного управління / Н. Нижник, О. Машков, С. Мосов // Вісник УАДУ – К., 1998. – No 2. – Ст. 23–31.

6. Політологія / За ред. О. I. Семківа. – Львів: Світ, 1993. – 578 с.

7. Политюк Б. С. Социальная интеграция как фактор правового регулирования / Б. С. Политюк // Актуальні проблеми права : теорія і практика: зб. наук. пр. Схід ноукраїнського державного університету [гол. ред. Л. I. Лазор]. – Луганськ : Вид-во Східноукр. держ. ун-ту. – 1999. – № 1. – С. 201.

8. Скрипнюк О. В. Соціальна, правова держава в Україні : проблеми теорії і практики: [монографія] / О. В. Скрипнюк. – К. : Інститут держави і права ім. В. М. Корецького НАН України, 2000. – 600 с.

9. Становление гражданского общества и социальная стратификация / [З. Т. Голенкова, В. В. Витюк, Ю. В. Гридчин, А. И. Черных, Л. М. Романенко] // Социоло гические исследования. – 1995. – № 6. – С. 14–24.

10.Факторы развития гражданского общества и механизмы его взаимодействия с государством / [И. В. Мерсиянова, Л. Г. Ионин, А. Ю. Сунгуров и др.] , под ред. Л. И. Якобсона. – М.: Вершина, 2008. – 296 с.

Бажутина С.Б.
доцент кафедры психологии Луганского национального
университета имени Тараса Шевченко
Булах И.П.
доцент кафедры педагогики Восточноукраинского национального
университета имени Владимира Даля

РОЛЬ ПСИХОЛОГИИ И ПЕДАГОГИКИ В СОВРЕМЕННОМ ИНФОРМАЦИОННОМ ПРОСТРАНСТВЕ

Современное общество в буквальном смысле утонуло в море разного рода информации. Информации разноплановой, бессистемной, противоречивой. Современному человеку становится все сложнее разбираться в движениях этих «информационных потоков», а без этого оказывается невозможным структурировать целостность Мира и выбирать в нем определенную позицию, чтобы решать для себя один из важнейших вопросов бытия – для чего живет человек? В этой ситуации, казалось бы, система образования должна была бы помочь ему справиться с этой проблемой и подготовить человека к происходящим в окружающем мире изменениям, но - это не так. В реальности, начиная от детского сада и кончая университетами и Академиями, наше образование все больше и больше подчиняется решению только одной задачи – подготовки «конкурентно- способного специалиста». В борьбу за право участвовать в подготовке такого специалиста невольно втягивают и науку, обязывая каждого преподавателя включаться в гонку за степенями, званиями, количеством статей и т.п. При этом, с одной стороны, совершенно не важно, способен ты к научной деятельности или нет, а с другой – ни времени, ни финансов на научную деятельность, особенно в гуманитарных направлениях, практически вообще не выделяется.

Если говорить конкретно о психологии и педагогике, то тут есть еще ряд обстоятельств, которые обуславливают развитие науки в этих отраслях. Во-первых, это свободный доступ к исследованиям зарубежных ученых, к новым позициям и подходам, который стал возможен в новом информационном обществе. Конечно же, это заставило ученых переосмыслить многое в наших традиционных взглядах, породило массу вопросов и стимулировало творческую мысль. Во-вторых, появление новых научных групп, маленьких центров в провинциальных городах. При этом, хотя и началась восстанавливаться связь с известными научными центрами, но она еще очень эпизодична и бессистемна. Как представители провинциальной науки можем констатировать, что это, конечно же, тормозит развитие и становление научной мысли «на местах», сужает перспективы видения проблем, лишает возможности широких научных дискуссий. Фактически в провинции направление исследования, а во многом и его глубина определяются одним только фактором – научными пристрастиями самого исследователя, его профессиональной компетентностью и уровнем интеллекта. Наконец, еще одно, что на наш взгляд, объясняет роль психолого-педагогических наук в современном обществе - это значительное усиление их практической направленности. Психологическое и педагогическое знание стало активно внедряться фактически во все сферы жизнедеятельности человека, а к научным исследованиям предъявляется основное требование - непременной практической применяемости научных открытий, что не всегда положительно влияет на развитие науки, так как далеко не каждое исследование, даже в области гуманитарных наук может быть сразу же, непосредственно преломляемо в практике. В этой ситуации резко снижается качество серьезных обобщающих исследований, теоретического плана. Сжижение уровня фундаментальных разработок , в свою очередь, сказывается и на уровне прикладных исследований, которые нередко лишь косвенно связаны с существом проблемы, не имеют серьезного теоретического обоснования.

Все выше сказанное позволяет сделать вывод о том, что в условиях информационного бума психолого-педагогическая наука находится в довольно интересном положении. Почти не поддерживаемая государством, она все же развивается, при этом явно расширяется разнообразие исследовательской тематики, научных подходов, позиций, поисков. Не менее разнообразно и качество научных изысканий. На фоне потока «нужных» работ все же встречаются интересные, глубокие и неординарные исследования. Вместе с тем повсеместно ведется сейчас активное внедрение психологии и педагогики в реальную жизнь человека.

Однако, нам кажется, что этот хаос идей, разработок, технологий, техник и т.д, необычайный творческий подъем, в котором сейчас находится развитие психолого-педагогической науки, все же несет в себе одну достаточно серьезную опасность. Опьяненные свободой и возможностью проводить разноплановые исследования, сами исследователи нередко забывают об ответственности – научное исследование, особенно в области гуманитарного знания должно быть экологично. Имеется в виду, во-первых, оно должно быть безопасно для человека, а значит не должно быть экспериментов, которые могут оставить травматический след в душе человека. Человек имеет право требовать от психолога полного восстановления своего душевного равновесия и здоровья, если оно было как-то нарушено условиями эксперимента. Мы полагаем, что психолого-педагогические исследования, используемые в них эксперименты и технологии (это касается скорее всего цикла гуманитарных наук) должны быть сами по себе глубоко нравственны и не допускать никаких сомнительных «опытов» с человеческой душой. Во-вторых, нам представляется, что и сами научные исследования должны быть тоже определенным образом систематизированы. Мы полагаем, что систематизации научного знания во многом способствует наличие серьезных научных школ, имеющих свои теоретические концепции. Кроме того, целостность и цельность науки зависит от того, насколько она оказывается чувствительна к социальным запросам общества и умеет выделить в них принципиально важные проблемы, требующие первостепенного решения. К таковым , по нашему мнению, в современном информационном обществе относится проблема сохранения человеческой души, ее духовного начала, ее стремления к творческой деятельности и созидающему единению с другими.

Современное информационное общество породило еще одну серьезную проблему, которая касается самих основ развития психики человека. Речь идет о субъектном формировании знаний. Большой объем хаотических фрагментарных информационных потоков разрушительно действует не только на целостность и системность восприятия научного знания, он приводит еще и к разобщенности, своеобразной «замкнутости» исследователя в своей, субъективно создаваемой картине Мира, которую он далеко не всегда имеет возможность отрефлексировать в широкой дискуссии с другими. Знание, как и любой другой артефакт, требует включения автора этого знания в сотворчество с другими людьми. Собственно в этом сотворчестве знание рождается окончательно: уточняется, углубляется, подвергается апробации и встраивается в целостную систему науки. Открытие одного начинает обретать смысл для других и некий новый смысл для самого его создателя. В обществе, где господствует не знание, а информация этот процесс трансформируется, скорее всего, во внутреннюю дискуссию самого исследователя. Так появляется своеобразный научный эгоцентризм. В результате исследователь начинает слышать только себя и, даже слушая другого, принимает и понимает только то, что, как ему кажется, лишний раз подтверждает его позицию. Мы считаем, что такое фрагментарное, эгоцентрическое знание (и знание ли это вообще?) в конечном итоге может привести к разрушению психолого-педагогических наук, к несостоятельности, бессмысленности проводимых исследований.

В заключение скажем, что мы в своей статье сознательно объединили психологию и педагогику. Психологию, призванную изучать природу человеческой души, человеческого духа и педагогику, направленную на обучение и воспитание человека. На сегодня в современном информационном обществе эти науки вроде бы получили новый приток живительных сил, но если эти силы отработают впустую и будет разрушена, запутана, выхолощена или забыта многовековая система знаний о формировании Человека, каким будет тогда человек?

Маринина В.М.
аспирантка кафедры общей психологии, факультет психологии
Киевского национального университета имени Тараса Шевченка

МЕТОДИКА ДИАГНОСТИКИ СТИЛЯ ПРОФЕССИОНАЛЬНОЙ ДЕЯТЕЛЬНОСТИ ВРАЧА-ТЕРАПЕВТА

Изучение стиля профессиональной деятельности связано с необходимостью разработки инструментария измерения и дифференциации стиля, адаптированного под конкретную профессиональную отрасль.

Методика диагностики стиля профессиональной деятельности врача-терапевта была разработана на основе методики оценки уровня профессионализма с применением «Карты наблюдения» М.А. Дмитриевой и А. В. Дворцовой [2], поскольку она:

- имеет универсальный характер и является шаблоном для разработки программ оценки уровня профессионализма для разного типа профессий;

- может реализовываться на основе экспертной оценки и самооценки;

- основывается на отражении процессуальной специфики осуществления конкретной профессиональной деятельности;

- позволяет определить стиль профессиональной деятельности на основе содержательных компонентов профессиональной деятельности (ориентация на объект, предмет, средства профессиональной деятельности или профессиональное взаимодействие).

Теоретическим основанием при разработке методики послужили следующие положения:

- различают индивидуальные стили профессиональной деятельности и типичные;

- профессиональная деятельность неоднородна в своей организации, ее содержание составляют относительно независимые подсистемы (блоки, структуры);

- подсистемы профессиональной деятельности выступают интеграторами стилей субъектов с разными индивидуальными особенностями;

- стиль как гибкая, вариативно-переменная система, имеющая определенные количественно-качественные границы.

Разработанная методика диагностики стиля профессиональной деятельности врача-терапевта состоит из 4 блоков и 40 дихотомических утверждений. Оценка осуществляется по 7-бальной шкале. Возможна реализация методики на основе самооценки и экспертного оценивания. Методика позволяет определить тип стиля (коммуникативный, информационный, инструментальный или коллегиальный на основе соответствующих шкал) и на основе построения индивидуального профиля - индивидуальный стиль профессиональной деятельности. Методика была применена на выборке в 118 человек.

В рамках реализации содержательной валидности был проведен анализ профессиональной деятельности врача-терапевта с последующим выделением основных структурных блоков и их содержательным наполнением. Проверка соответствия пропорций и содержания заданий и блоков методики их реальной процессуальной реализации в профессиональной деятельности проводилась на основе экспертной оценки (7 врачей-терапевтов высшей категории с профессиональным стажем более 20 лет). В результате было достигнуто общее мнение о том, что методика охватывает типичные поведенческие характеристики осуществление профессиональной деятельности врачом-терапевтом в отношении ее основных содержательных компонентов. Содержательная валидность методики была проверена на основе факторного анализа, который показал совпадение по основным шкалам. [1]

Коммуникативный стиль характеризуется тем, что в работе для врача общения с пациентом имеет первостепенное значение для реализации профессиональных задач. Установление контакта с пациентом важно и необходимо для эффективности лечения. Для этого стиля характерно внимание к пациенту; беспокойство о его психологическом состоянии; демонстрация готовности и желания выслушать пациента; прояснения рационального компонента услышанного; взаимодействие личностно-ориентированного характера; обсуждения и согласования лечения. Преимущество данного стиля связано с тем, что удовлетворенность пациента проводимым лечением напрямую зависит от взаимодействия врача с пациентом.

Информационный стиль характеризуется тем, что в фокусе внимания врача находятся знания о непосредственной предметой области его профессиональной деятельности - болезнях внутренних органов. Выделяется систематически время на чтение медицинской периодики, обмен информацией с коллегами. Врача интересует в первую очередь сама болезнь как феномен. Особое значение придается объективности, качеству информации. Преимущество данного стиля в реализации диагностической (с целью установления причины заболевания) и распределительной функции (направление к профильному специалисту).

Инструментальный стиль характеризуется тем, что врач руководствуется в большей степени применением стандартных процедур, объективных методов диагностики, важно системное видение болезни, поэтому часто назначается широкий спектр исследований. Характерна четкая ориентированность на задачу. Важным является распределение времени, отсюда алгоритмизированность процедур и фиксация внимания только на существенных моментах, больше доверия вызывают цифры, чем люди. Потенциальной преимуществом данного стиля может быть быстрое принятие решения и действие в условиях дефицита времени и стандартности ситуации.

Коллегиальной стиль характеризуется профессиональным взаимопониманием, ориентацией на сотрудничество и единство, доверие в решении сложных вопросов диагностики и лечения больных. Для врача недопустима дискредитация профессионализма коллеги для повышения собственного авторитета, ведь это вредит и делу, и пациенту. Преимущество этого стиля заключается в обмене опытом с коллегами, уточнении диагноза с привлечением консультаций профильных специалистов.

Показатель критериальной валидности был определен путем сравнения результатов диагностики стиля 5 врачей-терапевтов с результатами оценки экспертной группой, представители которой хорошо знают испытуемых, имели возможность длительное время наблюдать их поведение в различных ситуациях профессиональной деятельности. Был использован метод средневзвешенной оценки. Совпадение тестовых данных и экспертных оценок составляло 80%. [1]

Показатели ретестовой надежности посредством измерения силы корреляционной связи между результатами пилотажного и основного исследования с разрывом в три месяца варьируются в диапазоне от 0,8 до 0,9 на статистически значимом уровне, что свидетельствует о надежность методического инструментария. Показатели надежности как внутренней согласованности находяться в рамках 0,7 - 0,8.

Итак, разработанная методика диагностики стиля профессиональной деятельности врача-терапевта позволяет определить как типичный стиль, так и отразить различия в индивидуально-психологическом уровне путем построения индивидуального профиля профессионала. Данная методика относится к группе методик, предназначенных для профотбора. Ее можно использовать для реализации целей: оптимизации деятельности; анализа особенностей профессиональной деятельности на индивидуальном уровне; профилактики негативных психологических состояний, связанных с трудовой нагрузкой.

Литература:

1. Клайн П. Справочное руководство по конструированию тестов / Пол Клайн; [пер. с англ. Е. П. Савченко] — К. : ПАН лтд, 1994. — 288 с.

2. Практикум по психологии менеджмента и профессиональной деятельности: учеб. пособие / [ред. Г. С. Никифорова, М. А. Дмитриевой, В. М. Снеткова] - СПб.: Речь, 2003. – С. 28-39

Ляпина Л.А.,
кандидат политических наук, доцент, Черноморский
государственный университет имени Петра Могилы,
e-mail: mila.liapina@yandex.ua

ЛИБЕРАЛИЗМ О ПРАВАХ ЭТНИЧЕСКИХ ГРУП В ПОЛИЭТНИЧЕСКОМ ОБЩЕСТВЕ

Этническое разнообразие – характерный признак современного мира. По последним данным, в ста восьмидесяти четырех независимых государствах насчитывается более шестисот языковых и пять тысяч этнических групп [1, 15]. В тоже время этнические различия порождают и ряд существенных проблем, которые становятся причиной разногласий и противостояний. Так, в частности, этнические группы все чаще поднимают вопрос об обеспечении их прав на развитие и функционирование родного языка, на региональные автономии, на участие в политике и т.д. Нахождение ответов на эти вопросы, что является ныне актуальной проблемой демократических государств, способствовало бы обеспечению консенсуса, межэтнического мира и справедливости.

В современной социологической мысли существуют разнообразные походы и концепции обоснования прав этнических групп, среди которых, на наш взгляд, важное место занимает либерализм.

Либеральная традиция содержит различные взгляды на права этнических (национальных) меньшинств. Так, например, в XIX – вначале XX вв. теоретики либерализма (Вильгельм фон Гумбольдт, Джузеппе Маццини и др.) утверждали, что в многонациональных империях Европы к национальным меньшинствам относились несправедливо. И такая несправедливость состояла не только в том, что представители меньшинства не имели гражданских и политических свобод, поскольку их не имели также и члены доминирующей нации в каждой их империй. Несправедливость была определена отрицанием права этих наций на самоопределение, в то же время как эти права считали необходимым дополнением к индивидуальным правам, потому что «дело свободы находит себе базу и обеспечивает свои корни в автономии национальной группы» [2, 51-52]. Предоставление национальной автономии давало возможность реализовать идеал «территории свободы» или, другими словами, «свободного общества для свободных людей» То есть, исходя из данных размышлений, либералы утверждали, что развитие индивидуальности и личности тесно связано с принадлежностью к собственной национальной группе.

Предпочтение либералами скорее национальных, а не индивидуальных прав, наблюдается в период между двумя мировыми войнами. Так, например, Леонард Гобгауз определил, что «большинство либеральных государственных деятелей» его времени признала необходимость предоставления прав меньшинствам для обеспечения «культурного равноправия». Он считал, что существует много путей удовлетворения законных требований национальных меньшинств, но «безусловно, это не достигается предоставлением равных прав голосу. Национальное меньшинство не просто хочет получить те же права, что и другие группы, но и иметь право на собственный способ жизни » [3, 297-299].

Одним из проявлений данного либерального подхода стала система защиты меньшинств, которая была создана под эгидой Лиги Наций для различных европейских национальных меньшинств и обеспечивала как универсальные индивидуальные права, так и определенные, ориентированные на группу, права, которые касаются образования, местного самоуправления и языка.

После Второй Мировой войны стало понятно, что права меньшинств нуждаются в другом подходе. Многие из либералов надеялись, что акцент на «правах человека» даст возможность решить также проблемы, связанные с правами меньшинств. Вместо этого, чтобы защищать наиболее уязвимые группы прямо, предоставляя их членам специальные права, предусматривалось, что права этнических групп будут защищены опосредовано, гарантируя гражданские и политические права всем людям, независимо от того, к какой группе они относятся. Основные права человека – свобода слова, вероисповедания и создание организаций, хотя и предоставляются индивидуально, но отдельные индивиды пользуются ими, как правило, вместе с другими, поэтому эти права создают защиту для всей группы. Либералы считали, что если обеспечивается надежная защита прав отдельной личности, то отпадает потребность в дальнейшей защите отдельных членов национальных меньшинств. Как писал в свое время Айнис Клод, «основной тенденцией послевоенных движений в защиту прав человека было отнесение проблемы национальных меньшинств к более широкой проблеме обеспечения главнейших индивидуальных прав человека для всех людей независимо от их принадлежности к этнической группе. Основная идея состояла в том, что члены национальных меньшинств не нуждаются, не имеют полномочий или не могут получить права специального характера. Вместо принципа прав меньшинств на первый план было выдвинуто доктрину прав человека, при этом имелось ввиду, что меньшинства, члены которых пользуются одинаковыми правами как отдельные люди, не могут официально требовать сохранения их этнического партикуляризма» [4, 211].

Руководствуясь этой философией, Организация Объединенных Наций устранила все упоминания о правах этнических и национальных меньшинств Общей декларации прав человека [5].

Но в конце XX века либерализм опять возвращается к концепции соединения защиты групповых и индивидуальных прав этнических меньшинств. В частности, канадский исследователь У. Кимлика доказывает, что такие меньшинства должны быть защищены от внешнего вмешательства или насилия со стороны «большого общества», но они не должны вводить внутренние ограничения на своих членов для того, чтобы сохранить чистоту своей культуры или групповую солидарность. То есть, либеральная концепция групповых прав дает возможность защищать этнические меньшинства в контексте межгрупповых отношений. Такие права, по мнению У. Кимлика, служат щитом против втягивания национальных меньшинств в ассимиляционный процесс, и является оружием против государства, в частности таких как Франция, которые стремятся освободить политическую арену от всех акторов, кроме индивидов или нации как объединенного целого [1].

Хотя У. Кимлика и предоставляет возможность защищать права этнических меньшинств в контексте межгрупповых интересов, где группа не сводится только к простой совокупности индивидов, он не может полностью обойти судьбы либерализма, ведь в конфликте между групповым выживанием этнического меньшинства и автономией индивида последняя, по его мнению, должна превалировать.

В целом, можно сделать вывод о том, что либеральная концепция испытана временем и использована в этнополитической практике как отдельных стран, так и мирового сообщества в целом.

Литература:

1. Кимлічка Вілл. Лібералізм і права меншин / Кимлічка Вілл. – Харків: Центр освітніх ініціатив. – 2001. – 176 с.

2. Див.: Humboldt, Wilhelm von. On Language: The Diversity of Human Language – Structure and its Influence on the Mental Development of Mankind / Humboldt, Wilhelm von. – Cambridge. – 1988. – P. 41-43; Mazzini, Joseph. The duties of Man and other essays / Mazzini, Joseph, 1907. – P. 51-52.

3. Hobhouse. L.T. Social Development: Its Nature and Conditions / Hobhouse. L.T. – Care Town: Lovedale Press. – 1966. – P. 297-299.

4. Claude Inis. National Minorities. An International Problem / Claude Inis. – Cambridge: Harvard University Press, 1955. – P. 211.

5. Див.: Загальна декларація прав людини / Права людини. Міжнародні договори України, декларації, документи. – К.: «Юрінформ», 1992. – С. 18-24.

Быков С.О.

аспирант, Владимирский государственный университет

e-mail: sobykov@gmail.com

АВТОМАТИЗАЦИЯ ПРОЕКТИРОВАНИЯ СЕТЕЙ-НА-КРИСТАЛЛЕ СО СПЕЦИАЛИЗИРОВАННОЙ ТОПОЛОГИЕЙ

В настоящее время развитие информационных технологий невозможно без развития интегральных схем, как основных компонентов современных вычислительных машин. В связи с ростом сложности решаемых задач всё большую актуальность приобретают многопроцессорные архитектуры. Для создания эффективных многопроцессорных решений была предложена концепция сети-на-кристалле, заключающаяся в создании коммутационной среды, предоставляющей единый интерфейс для подключения компонентов.

Можно выделить два подхода к проектированию: на основе стандартных топологий (Сетка, Тор, Дерево и т.д.) и на основе специализированных. Специализированные топологии разрабатываются под конкретную задачу и позволяют добиться лучших характеристик при увеличении затрат на проектирование.

Для автоматизации процесса проектирования при разработке специализированной топологии в данной работе предлагается использовать алгоритм размещения компонентов для топологии «Сетка». Далее описано его применение.

За основу системы берется топология с таким размером ячейки, чтобы в неё помещался любой компонент системы. После чего производится размещение компонентов с помощью следующего алгоритма, разработанного для данной топологии.

Проектируемая система представляется в виде списка связей между компонентами и требуемой пропускной способности для каждой из них, например N1 – N2 500 Mb/s.

На первом шаге алгоритма данный список сортируется по убыванию. После этого каждая связь из списка помещается в топологию. В связи с тем, что список отсортирован, более требовательные связи размещаются в более выгодных условиях.

Для каждой связи алгоритм сначала проверяет, не помещены ли уже соединяемые компоненты в топологию. Если оба компонента уже размещены, текущая связь пропускается. Если помещен один компонент, то второй помещается относительного первого. Если же ни один из компонентов не размещен, то сначала относительно некоторой стартовой точки помещается первый, а затем относительно него второй. Алгоритм завершает свою работу после того, как все связи будут распределены по топологии.

В процессе размещения алгоритм ищет свободные ячейки топологии, постепенно увеличивая расстояние от узла, относительно которого производится размещение.

Рассмотрим случай квадратной топологии NxN. Стартовой точкой является узел с адресом (N/2, N/2). Пример начальной точки и расстояний от неё до других узлов приведен на рисунке 1.

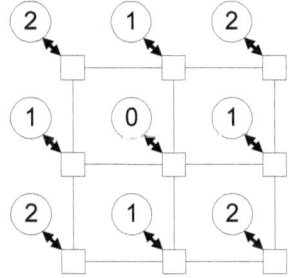

Рисунок 1 – Расстояния от стартовой точки для квадратной топологии

Процесс размещения это цикл от нуля до максимального расстояния. На каждой итерации рассчитываются границы адресов для заданного расстояния. Пример расчета на языке C++:

```
low_borderX = (SPX < i)? SPX : i;
up_borderX = ((SPX + i) > N-1)? N-1-SPX : i;
low_borderY = (SPY < i)? SPY : i;
up_borderY = ((SPY + i) > N-1)? N-1-SPY : i;
```

где i – это расстояние на текущей итерации, а (SPX, SPY) это адрес стартовой точки.

Эти границы определяют пространство поиска свободных ячеек. Если ячейка найдена, то компонент помещается в неё и цикл завершается, если же нет – происходит переход на следующую итерацию.

Сложность всего алгоритма размещения равна O(em), где e – количество связей в системе, а m – количество ячеек в топологии.

После завершения работы алгоритма производится сжатие с учетом реальных размеров компонентов. Сначала все компоненты сдвигаются к центру по оси X, а затем по оси Y. Сдвиг повторяется до тех пор, пока возможно дальнейшее сжатие.

Следующим этапом проектирования является расчет необходимого числа коммутаторов и их размещение. В данной работе эта задача не рассматривается, однако пример её решения можно увидеть в статье K. Srirnivasan [1].

В рамках текущих исследований в данном направлении представленный алгоритм был реализован в виде программы на языке C++. В дальнейшем планируется также разработать и реализовать решение задачи размещения коммутаторов и в результате получить полноценную подсистему САПР для проектирования сетей-на-кристалле со специализированной топологией.

Список использованных источников

1. K. Srinivasan, K. S. Chatha, and G. Konjevod, "An Automated Technique for Topology and Route Generation of Application Specific On-Chip Interconnection Networks", Proc. ICCAD-2005, Nov. 2005, pp. 231 – 237.

Буянтуев С.Л. - д-р техн. наук, проф., Buyantuevsl@mail.ru
Кондратенко А.С. - аспирант, cubanit@yandex.ru
Хмелев А.Б. - аспирант, nnoitra5@rambler.ru
Восточно-Сибирский государственный университет технологий и управления

ПЕРСПЕКТИВЫ ИСПОЛЬЗОВАНИЯ ВОДОУГОЛЬНОГО ТОПЛИВА В ЭНЕРГЕТИКЕ: ПРОБЛЕМЫ И РЕШЕНИЯ

Оценка разведанных мировых запасов различных видов органического топлива показывает, что в ближайшей перспективе (20-30 лет) запасы природного газа и нефти будут в значительной степени исчерпаны, в то время как запасов угля хватит на несколько сот лет вперед.

Однако увеличение масштабов использования углей в энергетике будет сопровождаться ростом экологической нагрузки на окружающую среду, так как при сжигании угля выделяется в атмосферу большое количество вредных выбросов (оксид серы, оксид азота, углекислый газ и др.).

В связи с этим, проблема развития и использования экологически более безопасных видов топлива угольного происхождения, приобретает существенное значение. Для решения этой проблемы требуется разработка и применение новых технологий и оборудования.

Одним из перспективных направлений является использование водоугольных суспензий (ВУС). ВУС имеют характеристики, близкие к нефтепродуктам, но при их сжигании в котлах улучшаются экологические и экономические показатели.

Водоугольное топливо (ВУТ) представляет собой мелкодисперсную смесь (суспензию) измельченного угля (60-70%), воды (29-39%) и стабилизирующей добавки – пластификатора (1%)[1,1].

За время развития технологии было выполнено огромное количество работ и решено значительное число технических задач. Примером внедрения промышленной технологии производства водоугольного топлива является Новосибирская ТЭЦ-5 (транспортировка топлива производилась по трубопроводу Белово-Новосибирск протяженностью 262 км) и цех приготовления ВУТ в Мурманской области.

Потребителями ВУТ могут быть как малые, средние, так и крупные промышленные предприятия, а также предприятия ЖКХ. ВУТ может быть использовано как основное или резервное топливо на котельных, больших и малых ТЭС, в т.ч. мини-ТЭС.

Ниже приведены показатели себестоимости вырабатываемой тепловой энергии и основные расчетные технико-экономические показатели технологии использования ВУТ (табл. 1 и табл.2) [2,241].

Таблица 1

Сравнительные технико-экономические показатели (2007г.)

Топливо	Низшая теплота сгорания	Эффективность сжигания	Стоимость топлива, руб.	Стоимость 1 Гкал, руб.	Стоимость 1кВт-ч, руб.
Мазут	9,5 Гкал/т	97 %	5000	1238	0,47
Газ	7,2 Гкал/тыс.м3	97 %	1500	463	0,18
ВУТ из угля	3,85Гкал/т	97 %	560	342	0,13
ВУТ из шлама	3,85 Гкал/т	97 %	380	232	0,09

Таблица 2

Основные целевые параметры модульных установок и технологических комплексов

Параметры	Модульные установки	Тех. комплексы
1	2	3
Производительность по производству:		
- топлива, т/ч	2,5- 3,0	
- тепловой энергии, Гкал/ч		до 7,0 до14*
Массовая доля твёрдой фазы в топливе, %	58-70	
Зольность твёрдой фазы, %	до 50	
Низшая теплота сгорания, Ккал/кг	не менее 3000	
Эффективная вязкость, мПа х с	не более 800	
Стабильность, сутки	не менее 30	
Энергоёмкость приготовления, кВт х ч/т	не более 35	
Эффективность сжигания топлива, %		не менее 97
Себестоимость приготовления топлива без стоимости исходного сырья (угля или угольных шламов), руб./т	не более150-180	
Себестоимость производства тепловой энергии, руб./Гкал.		Не более 350
Содержание вредных выбросов, мг/м3:		
- оксилы азота NOx		Не более 175
- оксиды серы SO2		Не более 20
- окись углерода CO		Не более 120
- пыль		Не более 50
- концентрация углекислого газа CO2, %		Не более 7
- полициклические ароматические углеводороды (ПАУ)		Не содержится следов

В настоящий момент существующие методы приготовления водоугольного топлива основываются на механическом воздействии на составляющие ВУТ с добавлением пластификатора для гомогенизации.

В лаборатории «Физика плазмы и плазменные технологии» были проведены эксперименты по получению водоугольной суспензии электроразрядным методом с помощью экспериментальной установки (рис.1). Целью данного метода является приготовление водоугольной суспензии без применения пластификатора.

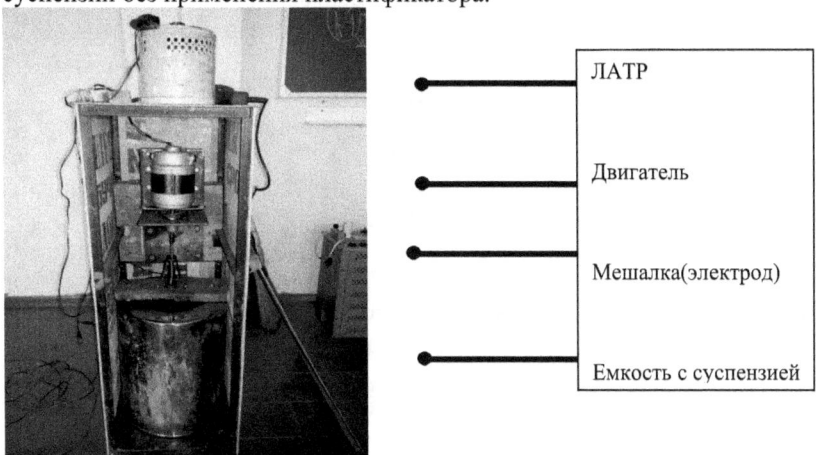

	ЛАТР
	Двигатель
	Мешалка(электрод)
	Емкость с суспензией

Рис.1 Экспериментальная установка для приготовления водоугольного топлива электроразрядным методом

Эксперименты проводились при постоянном токе I=3А, V=50 В с предварительным перемешиванием смеси. Время перемешивания – 3мин, время электрообработки 15,20,25,30 мин. Размер частиц 0,5; 0,2 мм. Соотношение твердой и жидкой фазы = 50/50. Масса угля m_y=3 кг, масса воды m_{h_2o}=3кг. Получение стабильной взвеси является главной задачей экспериментов. Целевая стабильность ВУТ – не менее 30 суток.В результате экспериментов была получена устойчивая взвесь. Наиболее стабильной является суспензия с фракцией угля менее 0,2 мм. Таким образом, достоинством электроразрядного метода, по сравнению с существующими, является получение устойчивой взвеси при низких энергозатратах без применения пластификаторов. Изучение сложных физико-химических процессов получения ВУС электроразрядным способом является направлением дальнейших исследований.

Литература :

1.А.Г.Морозов, «Российский опыт внедрения промышленной технологии производства водоугольного топлива», 2008.

2.В.Н.Делягин, Н.М. Иванов, В.Я.Батищев, В.И. Бочаров, И.П.Щеглов, В.И.Мурко, В.И.Федяев, В.И.Карпенок, «Использование водоугольного топлива в тепловых процессах АПК»,-Ползуновский Вестник №2/1 2011.

Шумова В.С., Меньшиков В.В., Богомолов Б.Б.
РХТУ им. Д.И. Менделеева

ИНФОРМАТИЗАЦИЯ ДЕЯТЕЛЬНОСТИ ПРОМЫШЛЕННЫХ ПРЕДПРИЯТИЙ С ИСПОЛЬЗОВАНИЕМ МОДЕЛИРОВАНИЯ ПРИКЛАДНЫХ БИЗНЕС-ПРОЦЕССОВ

Современный темп и уровень развития инновационных технологий не позволяет промышленным предприятиям останавливаться на достигнутых результатах и диктует необходимость постоянного мониторинга тенденций и модернизации бизнес-процессов.

Зачастую понимание оптимизации бизнес-процесса сводится к его ускорению за счет внедрения информационных технологий и автоматизации процесса. Однако ускорение процессов не может исправить фундаментальных недостатков технологии. Устройство рабочих мест, потоки работы, механизмы управления и организационные структуры, производственный регламент в некоторых случаях были разработаны в эпоху, когда не существовало ни современных технологий, ни конкурентов, которые успешно их освоили. Существующие алгоритмы и процессы создавались в расчете постоянный контроль, который является залогом эффективности. Основные современные тенденции – это ускорение бизнес-процессов, включающих в себя разработку и появление новых технологий производства, организации и управления предприятием, маркетинговых исследований и инновационных проектов. Поэтому необходимо коренное изменение в регламенте и алгоритме их выполнения или даже ликвидации неэффективных процессов.

В общем виде, под реинжинирингом понимается фундаментальное переосмысление и радикальное перепроектирование бизнес-процессов для достижения максимального эффекта производственно-хозяйственной и финансово-экономической деятельности, оформленное соответствующими организационно-распорядительными и нормативными документами.[1]

Первым этапом реинжиниринга является определение оптимального вида бизнес-процесса. Следующий этап - определение наилучшего (по средствам, времени, ресурсам и т.п.) способа перевода существующего бизнес-процесса в оптимальный.

Выделяют следующие принципы реинжиниринга бизнес-процесов:

1) Горизонтальное сжатие бизнес-процессов. Оптимизация структуры бизнес-процесса (сокращает сроки процесса и количество персонала, задействованного в реализации реинжиниринга)

2) Децентрализация ответственности (вертикальное сжатие бизнес-процессов). Переход к органической организационно-функциональной структуре предприятия и оптимизация системы принятия решений.

3) Анализ логики реализации бизнес-процессов. Анализ последовательности и возможности параллельной реализации бизнес-

процессов с целью сокращения сроков (сокращение энергетических ресурсов и сроков реализации процесса).

4) <u>Вариативность бизнес-процессов.</u> Разработка альтернативных оптимальных бизнес-процессов необходима для быстрой реакции на изменения рынка, что создает несомненное конкурентное преимущество (уменьшение риска простаивания оборудования; экономия сырья за счет издержек от запасов; поддержка кредитных обязательств).

5) <u>Рационализация управленческого воздействия.</u> Минимизация числа проверок и степень контроля, их осуществление только в той мере, в которой это экономически целесообразно; сокращение внешних контактов, ведущее к минимизации бумажной работы и ускорению процесса в целом; назначение уполномоченного менеджера, который является «буфером» между сложным процессом и заказчиком (целесообразное использование квалификации персонала)

6) <u>Централизация информационной поддержки.</u> Современные информационные технологии дают возможность децентрализовать управление, сохраняя возможность пользования централизованной базой данных (реализация научно-технологического потенциала предприятия).

Одним из важнейших инструментов процессного подхода является бизнес-моделирование, которое подразумевает под собой деятельность по формированию моделей организаций, включающая описание деловых объектов (подразделений, должностей, ресурсов, ролей, процессов, операций, информационных систем, носителей информации и т. д.) и указание связей между ними. Требования к формируемым моделям и их соответствующее содержание определяются целями моделирования.

Формирование модели бизнес-процесса в задачах процессного управления промышленным предприятием происходит в соответствии со следующим алгоритмом [2]:

1) Построение структуры организации с учетом задач реинжиниринга.

2) Определение цели бизнес-процесса и его владельца. Адаптация вышеприведенных принципов реинжиниринга под данное предприятие.

3) Формирование объектов информационного обеспечения процесса.

4) Составление регламента бизнес-процесса, определяющего последовательность функций в модели.

5) Построение общей концептуальной диаграммы бизнес-процесса.

6) Составление декомпозируемой IDEF0-диаграммы с выделением функций и уточнением внутренних связей между ними.

7) Продолжение процесса декомпозиции с возможной детализацией и уточнением регламента бизнес-процесса или завершение

декомпозиции при получении функций-элементов процесса, дальнейшая детализация которых не эффективна.

8) Проверка адекватности модели. В неудовлетворительного тестирования возврат к этапам 5 ,6 или 7.

9) Моделирование отдельных функция бизнес-процесса (IDEF3, DFD, логико-математические модели и т.д.)

Моделирование бизнес-процессов позволяет решить многие задачи промышленного предприятия, связанные не только с его информатизацией, но и с рациональным использованием ресурсов[3]:

• проанализировать не только, деятельность предприятия и его взаимодействие с внешними организациями, но и организацию работы на каждом отдельно взятом рабочем месте;

• дать четкую оценку всем узлам бизнес-процессов и оптимизировать работу в целом;

• найти возможности улучшения деятельности промышленного предприятия;

• предвидеть и минимизировать риски, возникающие на различных этапах реорганизации и информатизации деятельности промышленного предприятия;

• дать стоимостную оценку каждому бизнес-процессу, взятому в отдельности, и всем бизнес-процессам на промышленном предприятии в целом;

• выявить текущие проблемы промышленного предприятия и выявить стратегический анализ его развития;

• сократить количество организационно-технических ошибок и исключить необходимость в специальной группировке сотрудников для их устранения;

• улучшить управляемость промышленного за счет уменьшения количества персонала и более четкого распределения ответственности участников бизнес-процесса.

Список литературы

1. Hammer M. Reengineering Work: Don't Automate, Obliterate! // Harvard Business Review, July-August 1990

2. Богомолов Б.Б., Меньшиков В.В., Богословский К.Г., Быков Е.Д., Шумова В.С. Управление проектированием и эксплуатацией окрасочных линий с использованием бизнес-моделирования//Технология лакокрасочных покрытий: сборник научных трудов/ Науч.-произв. Об-ние «Лакокраспокрытие»; [редкол В.В. Меньшиков и др.].-М: Пэйнт-Медиа, 2012. – 144 С.

3. Богомолов Б.Б. Организационно-экономическое моделирование. Моделирование бизнес-процессов. –М.: РХТУ, 2011. – 96 С.

УДК 637.3

А.Ю. Чечеткина
магистрантка 5 курса ВолгГТУ
О.П. Серова
доцент кафедры ВолгГТУ
Aleksandra.chechetkina@mail.ru

РАЗРАБОТКА ТЕХНОЛОГИИ МЯГКОГО СЫРНОГО ПРОДУКТА С БОБОВЫМ НАПОЛНИТЕЛЕМ

Сохранение здоровья населения является одной из задач государственной важности. Время диктует необходимость создания новых продуктов питания, обладающих в отличие от традиционных, целевым назначением за счет использования функциональных ингредиентов и альтернативных видов молочного сырья.

Целесообразным и обоснованным представляется применение в производстве сыров не только коровьего, но и козьего молока в виду его ценных гипоаллергенных и биологических свойств. Содержащийся в козьем молоке протеин легче усваивается человеческим организмом. Поэтому козье молоко не вызывает аллергических реакций и расстройств пищеварения, используется при заболеваниях желудка и кишечника, малокровии и анемии, нарушениях зрения, астме. Минеральные соли находятся в козьем молоке в определенном соотношении и равновесии. По сравнению с коровьим, молоко содержит в 6 раз больше кобальта, который входит в состав витамина B_{12} много кальция, магния, железа, марганца и меди, аскорбиновой кислоты - в 1,5, а никотиновой (витамина PP) - в 3 раза больше чем в коровьем [4, 34].

Уровень потребления основных продуктов питания у нас в стране значительно уступает рекомендуемым рациональным нормам. Одна из проблем – дефицит белка, что приводит к добелковому насыщению организма калориями [1, 56].

Среди растительных продуктов значительным содержанием белка отличаются бобовые. Белки бобовых богаты всеми незаменимыми аминокислотами, скор которых равен или превышает 100 % по шкале ВОЗ; исключение составляют серосодержащие аминокислоты (скор 71 %) [1, 57].

В настоящей работе предлагается использовать бобовые наполнители не только как функциональную добавку, но и в качестве ресурсосберегающего компонента, также в качестве экологически безопасного компонента [5, 320;3, 3].

В качестве белковых наполнителей предлагается использовать муку из нута. В нуте имеется 50-60% углеводов, 20-26% белка, 7-8% жиров. Среди минералов много кальция, калия, фосфора, магния, марганца, кремния, железа и бора. Нут богат необходимыми человеку витаминами: такими как фолиевая кислота (0,07 мг/100 г), витамины B_1, B_2, B_3, B_5, биотин, витамины B_6 и Е. Нельзя не отметить низкую калорийность нута (120 кКал/100 г), делающую его отличным диетическим продуктом [2, 8].

В настоящей работе предлагается использовать бобовые наполнители не только как функциональную добавку, но и в качестве ресурсосберегающего компонента, также в качестве экологически безопасного компонента.

На кафедре технологии пищевых производств ВолгГТУ проводились исследования, целью которых было: изучение пищевой ценности козьего молока, как альтернативного вида сырья в производстве мягких сыров, разработка рецептуры функционального сырного продукта козьего с бобовым наполнителем в виде муки из нута обладающего экологической безопасностью, изучение изменения основных питательных веществ в готовом продукте.

В ходе эксперимента ожидается получение продукта обладающего повышенной пищевой и биологической ценностью, а также улучшенными органолептическими и реологическими характеристиками, увеличением выхода продукта.

В результате анализа исследования были подобраны оптимальные составляющие сырного продукта из козьего молока – козье молоко, закваска, бобовый наполнитель в виде муки нута.

В ходе эксперимента в сырный продукт вносили различные массовые доли муки нута. Анализировали консистенцию сыра по 25-бальной шкале в соответствии с ГОСТ Р 53379-2009 «Сыры мягкие. Технические условия». В результате эксперимента была подобрана оптимальная массовая доля бобового наполнителя.

Было изучено влияние вносимых наполнителей в виде муки из нута на титруемую кислотность. Из полученных результатов видно, что использование бобового наполнителя влияет на изменение кислотности продукта. Вносимый наполнитель является дополнительной благоприятной средой для развития посторонней микрофлоры, а, следовательно, влияет на срок хранения готового продукта, из чего следует необходимость создания условий для его хранения.

Анализировался процент выхода продукта. В результате исследования можно сделать вывод о том, что выход продукта увеличился на 2,5 %. Это происходит за счет увеличения массовой доли сывороточных белков в сырном продукте, благодаря высокой влагоудерживающей способности бобового наполнителя. Следовательно, можно утверждать о ресурсосбережении сырья, а значит о экологической безопасности.

Таким образом, используя предложенную нами технологию производства мягкого сырного продукта, становится возможным решение ряда технологических, экологических и экономических проблем. А именно: повышение пищевой ценности мягкого сырного продукта, за счет обогащения витаминами, минералами и пищевыми волокнами; увеличение массовой доли сывороточных белков в сырном продукте благодаря высокой влагоудерживающей способности бобового наполнителя, что позволяет повысить биологическую ценность продукта, наиболее полно использовать сывороточные белки подсырной сыворотки и увеличить выход мягкого сырного продукта.

Проведенные исследования позволяют сделать вывод, что в современных условиях проблему дефицита белка можно решать комбинированием молочного сырья с растительными компонентами. Это позволяет создавать новые виды молокосодержащих продуктов с направленно заданным составом и свойствами, в данном случае - сырный продукт с повышенным содержанием белка антистрессовой направленности, обладающий высокой пищевой и биологической ценностью.

Список используемой литературы:

1. Горлов, И. Ф. Биологическая ценность основных пищевых продуктов животного и растительного происхождения / И. Ф. Горлов. – Волгоград : Перемена, 2000. – 264 с.

2. Король В, Лахмоткина Г. Люпин-комплекс ингредиентов для продуктов функционального питания.//Питание и общество.-2011. №8.-С.8-9.

3. Пат.2286675 РФ, МПК А 23 J 3/14, А 23 L 1/20. Способ получения белкового полуфабриката из растительного сырья / И.Ф.Горлов, Н.А.Лупачева, О.П.Серова, Л.А.Евстропова; ГУ ВНИТИ ММС и ППЖ РАСХН, ГОУ ВПО ВолгГТУ. - 2006.

4. Разработка технологии производства сыров из козьего молока // Переработка молока. – 2010. – № 8. – С. 34–35.

5. Серова, О.П. Применение ЗЦМ на основе нута и фуза тыквенного масла / О.П. Серова, К.Н. Медянников // Разработка и широкая реализация современных технологий производства, переработки и создания пищевых продуктов: матер. междунар. н.-пр. конф., Волгоград, 24-26 июня 2009 г. / ГУ ВНИТИ ММС и ППЖ РАСХН, ВолгГТУ. - Волгоград, 2009. - С. 320-322.

Lavrinov D.S.
Ural Federal University named after the first President of Russia B.N.
Yeltsin, Ekaterinburg, Russia

THE DEVELOPING OF COORDINATE SYSTEMS ALIGNMENT METHOD FOR THE LASER TRIANGULATION SCANNERS IN THE 3D MEASUREMENT SYSTEM

Problem of alignment of several laser scanners coordinate systems to common is often rises when developing 3D scanning system [1]. For systems with the turn table a calibration method with balls was being developed.

Testing of existing results was performed on the developed system of three-dimensional scanning of forgings. Forgings measurement system consists of several elements (Figure 1):

- turn table, on which scanned forging is mounted ;
- carriage with fixed laser sensors;
- mechanism of movement of the carriage up and down relative to the plane of the turn table.

Figure 1 - System of a three-dimensional scan of forgings

There arises the problem of aligning of the coordinate system of the laser triangulation sensor with the coordinate system of the turn table. The center the coordinate system is located in the center of the table.

The billiard ball diameter of 57 mm with accuracy of manufacturing of 0.02 mm [2] was selected for calibration. Accuracy of manufacturing is much less than the error of the developed measurement system.

The Faro CMM (coordinate measurement machine) was taken as a reference.

For the interpolation of the ball from the point clouds the method of least squares was used. The formula is $f = r_i{}^2 - r^2$, where $r_i = \sqrt{(x_i - x_0)^2 + (y_i - y_0)^2 + (z_i - z_0)^2}$. Gauss-Newton method was used for the final evaluation of the center coordinates of the ball [3].

The ball is scanned by laser triangulation sensor without shifting after scanning by CMM Faro. The result is a cloud of points of a circular arc, which lies in the plane of the laser scanner (Figure 2).

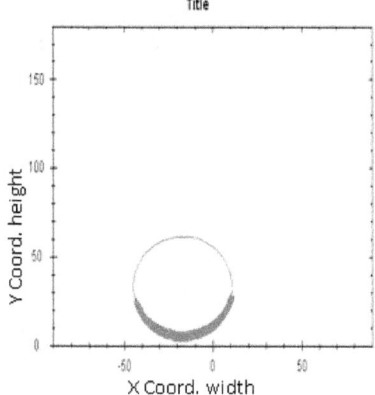

Figure 2 - Scanned points cloud and the circle, interpolated on the cloud.

Least squares method was used for the interpolation. The formula is $f = r_i^2 - r^2$, where $r_i = \sqrt{(x_i - x_0)^2 + (y_i - y_0)^2}$. Gauss-Newton method was used for the final evaluation of the circle center. If you know the radius of the sphere and the coordinates of the circle center, which lies in the plane of the section of the laser beam, it is possible to find the coordinates of the center of the ball in the coordinate system of the laser scanner (Figure 3).

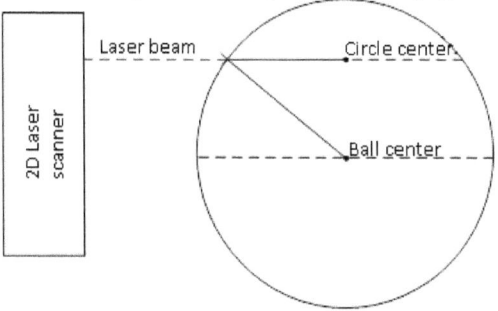

Figure 3 - Diagram of scanning of the ball

The coordinates of the center of the ball in two positions are calculated during moving the ball along the scan range of the laser scanner.

Three points are enough to align two coordinate systems: the coordinate system of the turntable and the coordinate system of 2D laser scanner.

To align the coordinate systems Procrustes [4] algorithm was used. Application of Procrustes algorithm gives the transition matrix, as well as the errors of alignment. In this case, the modulus of the error did not exceed 0.04 mm. It gives the right to consider that the alignment was produced with high accuracy for the system, which was equipped with scanners with a resolution of 0.2 mm. Such alignment accuracy was achieved by averaging over a large number of points.

As a result, the absolute deviation of the difference in the coordinates X and Y (Z - height, which is set) in some areas exceeded 0.1 mm., which exceeds the stated requirements for the maximum permissible error.

Calibration algorithms were implemented in the software package Matlab 2012 [5]. Also the software for calibration of forgings was developed for measurement system.

Citation:

1. Contactless gauges [electronic resource] / - Mode of access: http://www.css-rzd.ru/ZDM/10-2004/04122-2.htm. Date of circulation: 28.02.2010.
2. Standard 8.05181-3 requirements of measurement error of geometric quantities.
3. Digital image processing in information systems: the manual. - Novosibirsk: Publishing House of the NSTU, 2000. - 434 p.
4. Methods of computer image processing / ed. V.A. Soyfer.-2nd ed., Rev. - Moscow: Fizmatlit, 2003. – 784p.
5. Documentation MATLAB [electronic resource] / - Mode of access: http://www.mathworks.com/access/helpdesk/help/techdoc/ref/f16-6011.html. Date of circulation: 14.02.2010.

Филипас С.И.

студент Ноябрьского института нефти и газа (филиал) «Тюменского Государственного нефтегазового университета» в г. Ноябрьске

Филипас В.И.

преподаватель спец. дисциплин Ноябрьского института нефти и газа (филиал) «Тюменского Государственного нефтегазового университета» в г. Ноябрьске

ВНЕДРЕНИЕ ПРИРОДОСБЕРЕГАЮЩИХ ТЕХНОЛОГИЙ И ПРИМЕНЕНИЕ НОВОГО ОБОРУДОВАНИЯ ДЛЯ УЛУЧШЕНИЯ ЭКОЛОГИЧЕСКОЙ СИТУАЦИИ В ПРИРОДООХРАННОЙ ДЕЯТЕЛЬНОСТИ ПРЕДПРИЯТИЙ НЕФТЕГАЗОВОЙ ОТРАСЛИ ЗАПАДНОЙ СИБИРИ

Охрана окружающей природной среды - одна из наиболее актуальных проблем современности. В Российской Федерации сложилась непростая экологическая ситуация. Загрязнение природной среды достигло за последние годы значительных масштабов. Только убытки экономического характера без учёта вреда природе и здоровью людей по подсчетам специалистов ежегодно составляют в России сумму, равную половине национального дохода страны.

Настоящая экологическая ситуация и тенденции её ухудшения в значительной степени определяются промышленным производством. Более 24 тыс. предприятий являются загрязнителями окружающей среды – воздуха, земли и сточных вод. Поэтому одним из важнейших направлений хозяйственной деятельности предприятий и их инвестиционной политики становится обеспечение экологической безопасности природных ресурсов.

Государство считает природоохранную деятельность предприятий одним из приоритетных направлений государственной экологической политики. По этой проблеме в стране ведется большая законотворческая деятельность. Начиная с 1995г. только на федеральном уровне были приняты десятки законодательных актов, в том числе важнейшие специальные экологические законы – "Об охране атмосферного воздуха", "Об отходах производства и потребления" и многие другие.

Природоохранная деятельность по своему характеру является капиталоемкой. Опа требует значительных инвестиций в модернизацию и обновление очистных сооружений, а также внедрения природосберегающих технологических процессов.

В условиях нехватки инвестиций многие предприятия вынуждены не соблюдать экологическую безопасность своей хозяйственной деятельности. Поэтому государству приходится оказывать финансовую поддержку природопользователям.

"Около 15% территории Российской Федерации по экологическим показателям находится в критическом состоянии. Для изменения ситуации предлагается внести в законодательство ряд изменений. Прежде всего они касаются нормирования воздействия на окружающую среду за счет внедрения так называемых наилучших существующих технологий, если предприятие активно вкладывает инвестиции в модернизацию энергосбережения, экологически чистые технологии то оно вправе рассчитывать на преференции одновременно с этим предлагается внести увеличение штрафов для предприятия не соблюдающих законодательство и нарушающих установленное правило."

В то же время наблюдается чрезвычайно резкий рост отходов производства и потребления за период 2000-2010 гг. Отходы увеличились в 30 раз. В том числе опасные отходы составили в 2010г. 122,9 млн тонн, или 13,17% их общего объёма.

Отметим также резкое повышение объема использования и обезвреживания отходов в 2010г. по сравнению с 2000-м – в 42,6 раза (с 46 млн тонн до 1969,7 млн тонн).

Отметим как положительный момент в обеспечении экологической безопасности большое увеличение объёма инвестиций в основной капитал, направленных на охрану окружающей среды.

Такое резкое увеличение инвестиций свидетельствует о значительном усилении влияния государства на экологическую безопасность в стране.

В своей работе я задался целью заострить ваше внимание на расширении сферы применения новых технологий в нефтегазовой отросли, Мною были рассмотрены технологии по переработки буровых шламов и системы регенерации турбинных масел.

Внедрение технологии переработки буровых шламов.

В настоящее время вопросы рационализации и экологической безопасности при размещении буровых шламов выходят на первый план, особенно для предприятий, работающих в условиях трудновосстановимых экосистем Крайнего Севера. Освоение Юрхаровского месторождения – один из примеров удачного решения этой проблемы.

Установка по переработке бурового шлама предназначена для обработки непрерывного потока буровых отходов, воды, нефтяной эмульсии, обезвреженного шлама и работает в постоянном режиме.
Схема работы установки термомеханической очистки бурового шлама

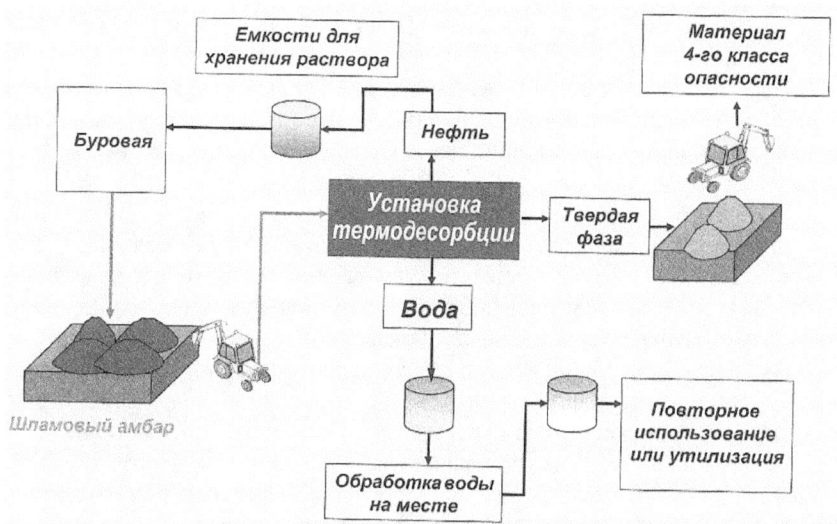

Рисунок 1.Схема движения, переработки бурового шлама и регенерации минерального масла при бурении на Юрхаровском месторождении

В установке термообработки с помощью механического воздействия на отходы достигается повышение температуры выше точки кипения воды и масла, чем обеспечивается практически полное их испарение. Интенсивное перемешивание слоя материала вращающимся на высокой скорости ротором приводит к выделению тепла, при этом все крупные частицы перемалываются в пыль. Мелкие частицы шлама, увлекаемые в технологической мельнице парами воды и масла, несмотря на сильный центробежный эффект, улавливаются в гидроциклоне и передаются на первичный охлаждающий конвейер через клапан камеры циклона.

К достоинствам работы установки относятся:

- непосредственный нагрев трением;
- минимальная продолжительность обработки шлама;
- высокое качество возвращённого масла;
- единственная система десорбции, признанная Евросоюзом.

В конденсаторном блоке происходит процесс переработки бурового шлама: подвод охлаждающей технической воды, отвод извлеченной воды в резервуар отделённой воды, отвод извлеченного масла в резервуар восстановленного масла, отвод нагретой воды на охлаждение в аппарат воздушного охлаждения, подача воды в установку дополнительной очистки, отвод летучих фракций на установку дожига, подвод восстановленного масла в контейнер противодавления из резервуара.

Для обработки незначительного остатка неконденсируемого газа разработана система дожига. Неконденсируемый газ смешивается с воздухом и нагревается до высоких температур, чем достигается полное окисление летучих фракций.

Переработанный шлам с основного технологического блока сначала поступает на конвейер первичного, затем – вторичного охлаждения. Эти конвейеры представляют собой винтовые установки с кожухом для охлаждения шлама.

С конвейера вторичного охлаждения шлам поступает в блок выгрузки переработанного шлама на регидратационную мельницу, где производится его охлаждение и увлажнение для предотвращения распыления. Далее переработанный шлам выгружается по желобу винтового конвейера в специальный бункер.

В помещении сбора воды устанавливаются резервуар отделенной воды с площадками обслуживания, насос отделённой воды для подачи воды из резервуара обратно на переработку шлама или в автоцистерны.

Отделенный от технологических добавок и ингредиентов, очищенный, сухой материал может использоваться для отсыпки внутрипромысловых дорог и оснований буровых площадок. Это снижает необходимость в карьерной разработке грунтов при строительных работах, уменьшает площадь нарушенных и отводимых земель под разработку месторождений.

До реализации проекта строительства цеха термомеханической очистки отходы бурения размещались на собственном полигоне, мощности которого уже не вмещали растущие объёмы шламов.

Переработка буровых отходов с использованием установки термомеханической регенерации позволила не только перерабатывать буровые шламы в материал, пригодный для строительного использования, но и регенерировать минеральное масло для повторного применения и приготовления бурового раствора, что обеспечило значительный экономический эффект.

Применение наномембран для регенерации турбинных масел.

Изучение технологических и экономических аспектов регенерации турбинных масел с использованием новой прогрессивной технологии доказало её эффективность – более высокое качество и выход до 92% регенерированного масла.

На стадии предварительной обработки отработанного масла происходят процессы коагуляции, отстаивания, центрифугирования и т.д. Затем осуществляется мембранная очистка, позволяющая получить масляную основу. На третьей стадии в масляную основу вводят необходимые присадки, в результате чего получается готовое товарное масло.

Рабочее давление в установках ультрамикрофильтрации (УМО) создаётся масляными насосами, температура 40-80°C обеспечивается электронагревателями или теплообменниками. Данные установки просты в монтаже, надёжны в эксплуатации, их можно рекомендовать к промышленной реализации на предприятиях с расходом масел более 20 тонн в год, так как при таком годовом объёме потребления масла капитальные вложения на внедрение технологии очистки и регенерации полностью окупают себя в течении года. Это относится к крупным системам смазки с объёмом накопительного резервуара более 0,8 м^3.

Установки УМО состоят из нескольких мембранных аппаратов серии "Аквакон". Аппараты подключаются модулями по 4 штуки в одном модуле.

В данной технологической схеме применяется регенерация сжатым воздухом с давлением 4-8 кгс/см^2 в течении 30 минут после 7 или 8 часов работы. Существуют и другие методы регенерации керамических мембран, входящих в состав аппаратов УМО. Источник сжатого воздуха выбирается исходя из существующей рабочей схемы. Количество циклов регенерации определяется показателями и видом очищаемого масла. В отличие от других существующих технологий данный тип фильтрационного оборудования на базе керамических мембран практически не требует расходных материалов, при регенерации воздухом не используются промывочные воды, что позволяет избавиться от утилизации сточных вод, образующихся при промывке фильтров. Керамические мембраны способны эффективно работать в агрессивных средах и при повышенном давлении, что расширяет область их использования.

Исходя из выше сказанного я предлагаю использовать данную систему регенерации масла не только в Сургутской ГРЭС, но и на компрессорных станциях нефтегазового комплекса, что позволит снизить затраты по перекачке газа.

Литература:
1. Арустамов Э.А. Природопользование. – М.: Издательство «Дашков и К», 2009.
2. Голицын А.Н. Основы промышленной экологии. – М.: Издательский центр «Академия», 2010.
3. Зайцева В.А. Промышленная экология. – М.:РХТУ, 2011.
4. А.Н. Полицин Основы промышленной экологии - М.: Издательский центр «Академия»,2009.
5. Косаренко Н.Н. Экологическое право России. Серия «Высшее образование». Москва: Национальный институт бизнеса. Ростов-на-Дону: Издательство «Феникс», 2012.

Zagajko[1] A.L., Krasilnikova O.A, Kravchenko G.B., Maloshtan A.V.
[1]head of the biochemistry department of the National University of
Pharmacy, professor
Email: andrey.zagayko@gmail.com

PESSARIES "PHITOVAGIN" NORMALIZE NITRIC OXIDE GENERATING SYSTEM IN EXPERIMENTAL VAGINITIS

Vaginitis, an inflammative lesion of the vagina, is very common disease and affects women of all ages. It can result in discharge, itching and pain, and is often associated with an irritation or infection of the vulva [1, 238]. It is usually caused by infection. Infectious vaginitis represents 90% of all cases in post-pubescent females. Infectious vaginitis includes candidiasis, bacterial vaginitis and trichomoniasis. Rarely vaginitis may also be caused by gonorrhea, Chlamydia, mycoplasma, herpes, campylobacter, some parasites and poor hygiene. An allergic reaction can also causes vaginitis.

Local measurement of nitric oxide (NO) gas has been used to detect and monitor inflammatory processes of the colon and in the urinary, but nitric oxide generation and the regulation of this process in the vaginal tract is almost unknown. During the past decade there has been a tremendous interest in nitric oxide (NO), which has now come to be accepted as an important mediator of multiple cellular functions including inflammation, smooth muscle relaxation [2, 33]. In living cells, NO is synthesized from L-arginine via the catalytic action of the enzyme, NO synthase (NOS). Several recent studies show the presence of NOS in the uterus from animal species [3, 245].

The type of recommended treatment depends on the cause of the infection, and may include topical (applied onto the skin) or oral antibiotics, antifungals, or antibacterial creams [1, 241]. Sometimes treatment is needed to restore vaginal flora balance, which may have been altered after treatment for an infection. Vaginal flora refers to a balance of bacteria in the vagina that has significant implications for a woman's overall health.

The plants, especially oils, reveal beneficial effects in treatment of vaginitis [4, 964]. Carvacrol, 1,8-cineole, geranial, germacrene-D, limonene, linalool, menthol, terpinen-4-ol and thymol exhibited anti-candida effects. A very low concentration of geranium oil and geraniol blocked mycelial growth, but not yeast [5, 1503]. Tea tree oil including terpinen-4-ol, alpha-terpinene, gamma-terpinene and alpha-terpineol showed anti-bacterial, anti-fungal and anti-protozoal properties against trichomonas. It is estimated that vaginal application of geranium oil or its main component, geraniol, suppressed Candida cell growth in the vagina and its local inflammation when combined with vaginal washing.

The aim of this study was to investigate the metabolism of nitric oxide in the vaginal lumen of healthy rats and rats with experimental vaginitis, and assess the impact of plant oils in the process. Pessaries "Phitovagin" with plant oils were used to treat vaginitis.

The experiments were carried out in female rats weighing 205-210 g. Animals were kept under standard vivarium conditions of the National University of Pharmacy. Animals at the same phase of the estrous cycle were selected and used for the experiment. For the experiment the animals were selected in the same phase of the estrogen cycle. Experimental vaginitis caused by mechanical stimulation of the surface of the vagina. All procedures with the animals were performed under chloralose-urethane anesthesia. Treatment was carried out using pessaries "Phitovagin" and the reference drug pessaries with sea buckthorn oil. The composition of pessaries "Phitovagin" included Aloe Vera extract, chamomile oil, tea tree oil, oil of wormwood. We determined the total protein, urea, arginine, citrulline, stable metabolites of nitric oxide in vaginal secretions. Total protein and urea levels were determined using standard reagent kits ("Felicit", Dnepropetrovsk, Ukraine). The nitric oxide stable metabolites levels were measured by the Griess reagent [6, 1056]. Arginine and citrulline content was determined spectrophotometrically as described previously [7, 548]. The data were processed statistically.

The obtained data are represented in the Table. It has been found that the development of experimental vaginitis is accompanied by increased levels of stable metabolites of NO, increased citrulline level and decreased arginine level. Three types of enzymes have been identified and characterized. Two of the three are constitutive and expressed in specific cell types (NOS I or neuronal and NOS III or endothelial), whereas the expression of the third isoform (NOS II or inducible) can be induced by cytokines. Data obtained in this study may indicate that during the experimental vaginitis development, which is accompanied by the inflammatory process, the nitric oxide synthase was activated. There is evidence that the development of the inflammatory process stimulate activation of iNOS in macrophages.

Table. Pessaries "Phitovagin" influence on the system generation of nitric oxide under experimental vaginitis (M±s, n=6).

	Intact animals	Experimental vaginitis	Experimental vaginitis + "Phytovagin"	Experimental vaginitis + sea buckthorn oil
Total protein, g/l	4,54±0,18	8,29±0,22*	5,47±0,16**	7,70±0,35*
Urea, mmol/l	17,75±0,12	10,89±0,14*	16,60±0,17**	13,67±0,12
Nitrates+Nitrites, nmol/ mg pr	38,5±5,7	94,9±4,2*	49,9±3,4**	63,7±4,9*/**
Arginine, mmol/ mg pr	7,49±0,64	5,23±0,46*	6,81±0,98*	5,74±0,67*
Citrulline, nmol/ mmol/ mg pr	6,15±0,55	9,12±0,47*	7,77±0,85	8,81±0,49*/**

* – P ≤ 0.05 versus intact animals; ** – P ≤ 0.05 versus animals with experimental vaginitis.

The nitric oxide excessive production may lead to a local reduction of immune response, which may be a prerequisite for increasing the number of pathogenic microorganisms and fungi involved in the manifestation of vaginitis [8, 569].

The usage of pessaries containing vegetable oils and extracts reduced nitric oxide production, while increasing the level of arginine. The more effective action of pessaries "Phitovagin" compared with pessaries containing sea buckthorn oil contains can be explained by a wide range of biologically active substances in this preparation. Thus, it was shown that an extract of Aloe Vera, which is part of pessaries "Phitovagin" inhibits macrophage iNOS, thus reducing local inflammation.

Thereby, the findings suggest that pessaries "Phitovagin" on the model of experimental vaginitis inhibit nitric oxide production and increase the level of arginine. The results suggest the possibility of using pessaries "Phitovagin" in the treatment of vaginitis of various etiologies.

REFERENCES

1.   Li J, McCormick J, Bocking A, at al. Importance of vaginal microbes in reproductive health. Reprod Sci. 2012 Mar;19(3):235-42.
2.   Mian AI, Aranke M, Bryan NS. Nitric oxide and its metabolites in the critical phase of illness: rapid biomarkers in the making. Open Biochem J. 2013;7:24-32.
3.   Musicki B, Liu T, Lagoda GA, at al. Endothelial nitric oxide synthase regulation in female genital tract structures. J Sex Med. 2009 Mar;6 Suppl 3:247-53.
4.   Azimi H, Fallah-Tafti M, Karimi-Darmiyan M, at al. A comprehensive review of vaginitis phytotherapy. Pak J Biol Sci. 2011 Nov 1;14(21):960-6.
5.   Maruyama N, Takizawa T, Ishibashi H, at al. Protective activity of geranium oil and its component, geraniol, in combination with vaginal washing against vaginal candidiasis in mice. Biol Pharm Bull. 2008 Aug;31(8):1501-6.
6.   Sioutas A, Ehrén I, Gemzell-Danielsson K.Measurement of nitric oxide in the vagina. Acta Obstet Gynecol Scand. 2008;87(10):1055-9.
7.   Atiomo W, Daykin CA. Metabolomic biomarkers in women with polycystic ovary syndrome: a pilot study. Mol Hum Reprod. 2012 Nov;18(11):546-53.
8.   Rutkowski MR, McNamee LA, Harmsen AG.Neutrophils and inducible nitric-oxide synthase are critical for early resistance to the establishment of Tritrichomonas foetus infection. J Parasitol. 2007 Jun;93(3):562-74

Алябьева В.Г.
кандидат физ.-мат наук, доцент,
Пермский государственный гуманитарно-педагогический
университет
e-mail: alyabieva@rambler.ru

СРАВНИТЕЛЬНЫЙ АНАЛИЗ ПЕРВЫХ ИССЛЕДОВАНИЙ ПО ЛИНЕЙНЫМ АЛГЕБРАМ В США И В ЕВРОПЕ

Развитие теории ассоциативных алгебр в США складывалось иначе, нежели в Англии или Европе. Прежде, чем сопоставлять особенности развития алгебр на американском континенте и в Европе, рассмотрим, каким было американское общество к концу XIX века, какие задачи оно ставило перед наукой.

В последней четверти XIX века США превратились в могущественную индустриальную державу, однако развитие наук в США отставало от европейского уровня и от потребностей американской жизни. Правительство страны и администрации штатов стали проявлять обеспокоенность неудовлетворительным развитием науки в стране и поддерживать реформаторские проекты в сфере высшего образования. В стране стали открываться новые университеты. До Гражданской войны 1861-1865 гг. решающее влияние на развитие высшей школы США оказывали французские, особенно английские, институты. После Гражданский войны усилилось влияние немецких университетов. Проявлением этого влияния было открытие в 1876 году университета Джона Хопкинса в Балтиморе – первого университета США, воспринявшего многие черты немецкого университета. Главной из этих черт явилось создание исследовательских центров при университете, где сообща вели научную работу преподаватели, аспиранты, студенты. Эти центры в США получили название *аспирантских школ искусств и науки* (Graduate schools of Arts and Science). Университет Джона Гопкинса утвердил понятие *"университетский профессор"*, т.е. профессор-исследователь. Первым президентом университета Джона Хопкинса был Д.К.Гилман (1831-1908), который много сделал для становления этого исследовательского центра в Балтиморе. Гилман поставил задачу собрать в университетский центр самых способных преподавателей и студентов. Так, к созданию кафедры математики он привлёк известного английского математика Дж.Сильвестра.

Общим правилом для университета был свободный выбор студентами учебных дисциплин со специализацией в одной из них. Среди фундаментальных исследований в конце XIX века выдвинулись исследования по физико-математическим наукам. К достижениям этого времени относится работа Бенджамина Пирса из университета Гарварда по линейным ассоциативным алгебрам.

В 1892 году был открыт университет в Чикаго, воспринявший черты университета нового типа, подобно университету Джона Гопкинса. Открытие университета в Чикаго сопровождалось значительными событиями, получившими мировую известность.

В 1893 году в Колумбии проводилась Всемирная выставка, призванная продемонстрировать всему миру индустриальную мощь Соединённых Штатов. В программу выставки были включены конгрессы и конференции, в том числе и математический конгресс. Однако на этом конгрессе кроме американских учёных присутствовало лишь несколько европейцев. Среди европейцев был Феликс Клейн, который привёз доклады немецких учёных. Клейн был основным докладчиком на конгрессе. Математический конгресс и по истечении времени продолжал именоваться международным, но не получил порядкового номера. Доклады конгресса (13 американских авторов, 16 – немецких, 3 – французских и итальянских) были опубликованы в 1896 году Американским математическим обществом. Блестящим организатором конгресса был Элиаким Гастингс Мур (*Eliakim Hastings Moore, 1862-1932*). Э.Г.Мур был президентом конгресса, совместно с Генрихом Машке и Оскаром Больца входил в состав редакционного комитета по изданию трудов конгресса. Мур со временем стал видной фигурой в математике. Он и его ученики: Л.Диксон, О.Веблен, Г.Биркгоф, - составили славу американской математической науки. В университет Чикаго Мур был приглашён в качестве профессора математики в 1892 году и оставался в этой должности до конца своих дней.

Вернёмся к *теории линейных алгебр* или *учению о гиперкомплексных числах*. Рассмотрим исследования линейных алгебр в Европе и Англии и сравним их с результатами американских исследователей.

После появления в XVIII веке геометрической интерпретации комплексных чисел в виде точек плоскости учёные пытались построить обобщение комплексных чисел, допускающее интерпретацию чисел в виде точек трёхмерного пространства. Одна из первых попыток такого рода принадлежит К. Весселю, который в 1799 году в «Опыте аналитического представления направления» сопоставил точке трёхмерного пространства с прямоугольными координатами x, y, z выражение $x + y\varepsilon + z\eta$, где ε, η – две различные мнимые единицы. Построенную «алгебру» Вессель применил к решению сферических задач. Дальнейшие попытки построения обобщений комплексных чисел принадлежат английским алгебраистам. После появления «Теории сопряжённых функций или алгебраических пар» в 1835 году ирландского математика и механика В.Р.Гамильтона, где было дано строгое обоснование комплексных чисел на основе их представления в виде пар вещественных чисел, равносильного интерпретации комплексных чисел в виде векторов на плоскости, попытки построения обобщений комплексных чисел возобновились. Сам Гамильтон построил (1837-1838) алгебру троек вещественных чисел, однако все системы чисел такого рода содержали делители нуля. После неудач в деле построения троек чисел Гамильтон решил искать алгебры без делителей нуля среди «четверных алгебр» и нашёл такую алгебру, именно, алгебру кватернионов. Кватернионы обладают всеми свойствами комплексных чисел, за исключением коммутативности умножения. Свою новую теорию Гамильтон изложил сначала в работе «*О кватернионах, или О новой системе мнимостей в алгебре*» [1, т.3], а затем в «*Лекциях о кватернионах*» [2]. Восьмимерная алгебра *октав* была построена А.Кэли. Умножение в этой алгебре не только не коммутативно, но и не ассоциативно (хотя октавы так же, как и кватернионы, не содержат делителей нуля). Общая теория алгебр появилась в лекциях Вейерштрасса в 1861 году, однако опубликованы его исследования были только в 1884 году в работе «К теории комплексных величин, образованных из *n* главных единиц" [3, т.2, 311-332]. Вейерштрасс ввёл понятие *прямой суммы алгебр*: если даны алгебры с базисами *(1) e₁, e₂,..., eₙ* и *(2) eₙ₊₁, eₙ₊₂..., eₘ*, то базисом прямой суммы алгебр является объединение базисов *(1)* и *(2)*, при этом произведение элементов разных базисов равны нулю. Вейерштрасс доказал, что *всякая коммутативная алгебра без нильпотентных элементов является прямой суммой полей вещественных или комплексных чисел.*

Глубокие аналогии между ассоциативными алгебрами и алгебрами Ли привели к тому, что ассоциативными алгебрами занимался сам Софус Ли и его ученик Георг Шефферс. Сначала независимо от школы Ли, затем в контакте с нею работал в этой области Теодор Молин (1861-1941), живший в Дерпте (ныне Тарту), затем в Томске. Шефферс называл алгебры *комплексными числовыми системами*, Молин – *системами высших комплексных чисел,* Фробениус – *системами гиперкомплексных величин.* Перечисленные авторы распространили на ассоциативные алгебры понятия *простой* и *полупростой алгебры*, понятие *радикала*, возникшие первоначально в теории алгебр Ли.

Полупростой называется алгебра *без нильпотентных элементов.* Если в алгебре есть нильпотентные элементы, то они образуют *идеал,* называемый *радикалом алгебры.* Молин [4] предложил критерий полупростоты алгебры, аналогичный критерию Картана полупростоты алгебры Ли, и доказал, что:
- *фактор-алгебра по её радикалу полупроста;*
- *всякая полупростая алгебра изоморфна прямой сумме простых алгебр;*
- *всякая полупростая алгебра над полем комплексных чисел изоморфна алгебре матриц над полем комплексных чисел.*

Картан (1898) доказал [5, ч.2, т.1, 7-105] аналогичные теоремы для вещественных простых алгебр:

- *всякая вещественная простая некоммутативная алгебра изоморфна одной из алгебр: алгебре вещественных, или комплексных, или кватернионных матриц **n**-ого порядка.*

Молин и Картан исследовали гиперкомплексные числа в терминах билинейных и квадратичных форм.

В США *Бенджамин Пирс* в Гарварде включал в свои лекции теорию кватернионов ещё в 1848 году. В 1870 году он прочёл мемуар «*Линейные ассоциативные алгебры*» перед Национальной Академией в Вашингтоне. После чего было опубликовано только несколько оригинальных копий литографией. Полностью текст был опубликован лишь в 1881 году в *American Journal of Mathematics* с замечаниями и дополнениями сына автора – Чарльза Пирса- через год после смерти Бенджамина Пирса [6]. В предисловии к работе отмечалось: «*Этой публикацией предполагается дать математической публике работу, которую можно возвести в ранг оснований философского учения о правилах алгебраических операций*». Язык алгебры, утверждает Пирс, имеет свой алфавит, словарь и грамматику.

Алфавит состоит из символов *i, j, k,* которые являются основными понятиями алгебры (в настоящее время мы называем эти элементы алгебры базисными). *Словарь* состоит из знаков: +, -, x. *Грамматика* формулирует правила композиции.

Пирс явно описал коммутативный и ассоциативный законы умножения элементов алгебры, дистрибутивный закон умножения относительно сложения.

Пирс вводит термин *линейная алгебра*. Он определяет линейную алгебру как алгебру, в которой каждое выражение представимо в виде суммы *термов,* каждый из которых состоит из одного символа с количественным коэффициентом. Пирс изучал линейные ассоциативные алгебры с комплексными коэффициентами и, говоря современным языком, отождествлял линейную алгебру с ***n**-мерным линейным пространством, в котором задано ассоциативное умножение векторов, дистрибутивное относительно сложения векторов и перестановочное с умножением вектора на число.*

Пирс изучил структурные свойства такой алгебры: он ввёл понятие *нильпотентных* элементов, т.е. таких элементов *e* алгебры, для которых существует натуральное *n* такое, что $e^n = 0$; и понятие *идемпотентных* элементов, т.е. таких элементов *e* алгебры, что $e^2 = e$. Эти понятия применялись Пирсом для классификации алгебр небольших размерностей, которые он задавал таблицами умножения элементов. В замечаниях к работе отца Чарльз Пирс отмечал, что *любая ассоциативная алгебра может быть представлена как алгебра матриц.* Чарльз Пирс независимо от Фробениуса и тремя годами позднее Фробениуса доказал, что *над полем действительных чисел можно построить лишь три ассоциативные алгебры с делением: поле действительных чисел, поле комплексных чисел и алгебру кватернионов.*

Работа Пирса получила широкий и благоприятный отклик в Америке и в Англии, однако континентальные математики отнеслись к ней с недоверием. Их не удовлетворяла чрезмерная философичность учения. Они указывали на логические пробелы в некоторых доказательствах. Когда позднее американцы сравнили результаты Пирса с европейскими, то обнаружили их совпадение, хотя признали наличие логических пробелов в доказательствах некоторых теорем.

В период с 1877 года по 1883 год в университете Джона Хопкинса работал Сильвестр. Он в 1882-84 годах исследовал связь между гиперкомплексными числовыми системами и системами матриц, теория которых ранее была развита А.Кэли. С конца XIX века до 1907 года многие обстоятельства привели к активизации в Соединённых Штатах работ по линейным ассоциативным алгебрам, среди важнейших из них – интерес к постулационным системам.

В 1903 году Л. Диксон сформулировал определение линейной алгебры независимыми постулатами [7], в котором обобщил поле скаляров на произвольное абстрактное поле. Статьи Диксона явились отражением глубокого интереса американцев к основаниям геометрии и алгебры. В это же время Диксон дал определение поля независимыми постулатами [8]. Мур (1902) определил [9] абстрактную группу, О. Веблен определил проективную геометрию независимыми постулатами. В своей докторской диссертации «Система аксиом геометрии» [10] он следует в выборе аксиом более традициям Паша и Пеано, нежели Гильберта и Пиери. В качестве неопределяемых понятий Веблен выбирает понятия "точка" и "порядок". Число аксиом сокращено до 12. Веблен тщательно проверяет независимость аксиом и первый достигает построения именно независимой аксиоматики.

В 1904-05 годах в Чикаго на стажировку приехал *Джозеф Генри Уэддербёрн* (Joseph Henry Maclagan Wedderburn, 1882-1948). Он учился в Шотландии, побывал в Европе, приехал в Чикаго (с 1909 года работал в Принстоне). Уэддербёрн сам, а также совместно с Диксоном и другими американскими исследователями, получил весьма значительные результаты в теории ассоциативных алгебр с делением. Наиболее известна теорема:

- *Любая конечная ассоциативная алгебра с делением есть поле.*

Уэддербёрн и Диксон предложили три доказательства этой теоремы. Заметим, что в современных учебниках эта теорема формулируется так: *любое конечное тело является полем.* Доказательство теоремы, приводимое в современных учебниках, принадлежит Витту. К этой теореме, известной как теорема о конечных алгебрах, столь часто обращались исследователи в XX веке, что истории её доказательств, исправлению доказательств посвятила свою диссертацию *Карен Паршелл* (Karen Parshall) «По следам теорем Диксона, Веблена, Уэддербёрна» (1982). Диксон в 1905 году публикует в Германии в *Nachrichten* большую статью «*О конечных алгебрах*» [11], где строит конечные алгебры, в которых не выполняются некоторые аксиомы поля, в частности, коммутативный закон умножения и правый дистрибутивный закон, или ассоциативный закон умножения. Из его результатов следует, что *в конечном случае коммутативность умножения следует из остальных аксиом поля.* Над конечными алгебрами Диксона Веблен и Уэддербёрн построили *конечные недезарговы и непаскалевы проективные плоскости* и показали, что *выполнимость теоремы Дезарга в конечной проективной плоскости эквивалентна ассоциативности умножения в координатизирующей алгебре.*

1907 год – год подведения итогов и перемен в направлении исследований американских математиков.

В 1907 году вышла работа Уэддербёрна «*О гиперкомплексных числах*» [12] в «Трудах Лондонского математического общества», посвящённая структурным свойствам алгебр с делением. Основные теоремы, доказанные Уэддербёрном, звучат так:
- *Любая алгебра может быть представлена как сумма нильпотентной алгебры и полупростой.*
- *Любая полупростая алгебра, отличная от простой, может быть представлена как сумма простых алгебр.*
- *Любая простая алгебра может быть представлена как прямое произведение алгебры с делением и простой матричной алгебры.*

Диксон в 1912 году доказал, что
любая действительная коммутативная неассоциативная алгебра с делением с единицей должна иметь размерность не меньше 6.

В 1914 году опубликована книга Диксона «*Линейные алгебры*», которая была переведена на русский язык [13]. Продолжая исследования по арифметике кватернионов, начатые Липшицем, Гурвицем и его учеником Паскье, Диксон публикует книгу «*Алгебры и их арифметики*» [14]. Главная цель книги – развитие общей теории арифметик алгебр, которая явилась прямым обобщением теории *алгебраических чисел*. Важнейшая часть книги посвящена развитию теории *представления алгебр*. Диксон первый определил понятие *целого элемента* для ассоциативных алгебр с единицей над полем рациональных чисел. В 1927 году в Германии вышла книга Диксона «*Алгебры и их числовые системы*» (со статьёй Шпайзера по теории идеалов) [15]. Эту книгу цитировала Эмми Нётер в своём курсе «*Теория групп и гиперкомплексные числа*».

Оценивая развитие учения о линейных ассоциативных алгебрах в США в период с 1870 года по 1927 год, *Jeanne La Duke* на симпозиуме в

Брюн Мор, посвящённом 100-летию со дня рождения Эмми Нётер, утверждала, что американцы:
- охарактеризовали и перечислили линейные алгебры малых размерностей;
- определили некоторые алгебры над произвольными полями;
- развили учение алгебр без обращения к теории групп, к теории матриц, теории билинейных форм, а последовательно изучали их «изнутри».

Именно с таким своеобразием в развитии теории алгебр в Америке столкнулась Эмми Нётер, когда в 1933 году приехала в США для работы и на постоянное место жительство. С приездом Эмми Нётер исследования американских алгебраистов испытывали глубокое влияние её идей.

Цитированная литература

1. *Hamilton W.R.* The mathematical papers, v.1-3. Cambridge, 1931-1967.
2. *Hamilton W.R.* Lectures on quaternions. Dublin, 1853.
3. *Weierstrass K.* Mathematische Werke. Bd.1-7.Berlin, 1894-1927.
4. *Molien T.* Ueber systeme höherer complexer Zahlen. Dorpat, 1892.
5. *Cartan E.* Oeuvres complètes, t.1-3. Paris, 1952-1955.
6. *Peirce B.* Linear associative algebras. With notes and addenda by C.S.Peirce, son of the author// American journal of the mathematics. 1881. V.4. P.97-229.
7. *Dickson L.E.* Definitions of a linear associative algebra by independent postulates// Transactions of the American mathematical society.1903. V.4. P. 21-26.
8. *Dickson L.E.* Definitions of a field by independent postulates// Transactions of the American mathematical society.1903. V.4. P.13-20.
9. *Moore E.H.* A definition of abstract groups// Transactions of the American mathematical society. 1902. V.3. P.485-492.
10. *Veblen O.* A system of axioms for geometry// Transactions of the American mathematical society. 1904. V.5. P.343-384.
11. *Dickson L.E.* On finite algebras// Nachrichten von der Königlichen Gesellschaft der Wissenschaften zu Göttingen. 1905.S.358-393.
12. *Wedderburn J.H.M.* On hypercomplex numbers// Proceedings of the London mathematical society. 1907. (2). V.6. P.77-118.
13. *Диксон Л.Е.* Линейные алгебры. Харьков: ОНТИ. 1935.
14. *Dickson L.E.* Algebras and their Arithmetics. Chicago: University of Chicago Press. 1923. Reprint 1960. New York: Dover Publications.
15. *Dickson L.E.* Algebren und ihre Zahlentheorie. Zürich: Orell Füssli. 1927

Аль-Хассани М.А.

аспирант кафедры высшей математики Физико-технического института Томского Политехнического Университета

E-mail: mudhar73@yahoo.com

Молдованова Е.А.

старший преподаватель кафедры высшей математики Физико-технического института Томского Политехнического Университета

E-mail: eam@tpu.ru

ДИФФЕРЕНЦИРУЕМОЕ ОТОБРАЖЕНИЕ АФФИННОГО ПРОСТРАНСТВА В МНОГООБРАЗИЕ НЕВЫРОЖДЕННЫХ НУЛЬ-ПАР ПРОЕКТИВНОГО ПРОСТРАНСТВА

Рассматривается m-мерное аффинное пространство Q_m, отнесенное к подвижному аффинному реперу $Q=\{\overline{B},\overline{\varepsilon}_\alpha\}$ с деривационными формулами:

$$d\,\overline{B}=\overline{\varepsilon}_a\theta^a, d\,\overline{\varepsilon}_a=\theta_a^b\overline{\varepsilon}_b$$

и структурными уравнениями:

$$D\theta^a=\theta^b\wedge\theta_b^a,\ D\theta_a^b=\theta_a^c\wedge\theta_c^b,\ (a,b,c=\overline{1,m}). \tag{1}$$

Рассматривается n-мерное эквипроективное пространство P_n, отнесенное к подвижному эквипроективному реперу $P=\{\overline{A}_J\}$ с деривационными формулами и структурными уравнениями:

$$d\,\overline{A}_J=\omega_J^K\overline{A}_K,\quad D\omega_J^K=\omega_J^I\wedge\omega_I^K,\quad (I,J,K=\overline{0,n}). \tag{2}$$

Рассматривается отображение

$$f_m^{2n}:Q_m\to M_{2n}$$

аффинного пространства Q_m в многообразие M_{2n} всех невырожденных нуль-пар $\{A;\ L_{n-1}\}$ проективного пространства P_n, где точка A не принадлежит гиперплоскости L_{n-1} в P_n. Реперы Q и P выбираются так, чтобы

$$B\in Q_m,\ A=A_0,$$

а точки $A_K,(K=\overline{1,n})$ принадлежат гиперплоскости L_{n-1}, т.е.

$$L_{n-1}=(\overline{A}_1,\overline{A}_2,......,\overline{A}_n).$$

Тогда дифференциальные уравнения отображения f_m^{2n} в смысле [1] – [4] запишутся с учетом (1), (2) в виде:

$$\omega_0^i=A_a^i\theta^a,\quad \omega_i^0=A_{ia}\theta^a,$$
$$dA_a^i+A_a^j\Omega_j^i-A_b^i\theta_a^b=A_{ab}^i\theta^b,$$
$$dA_{ia}-A_{ja}\Omega_i^j-A_{jb}\theta_a^b=A_{iab}\theta^b, \tag{3}$$
$$\Omega_i^j=\omega_i^j-\delta_i^j\omega_0^0,\quad A_{[ab]}^i=0,\quad A_{i[ab]}=0,\quad (i,j=\overline{1,n};\ a,b=\overline{1,m}).$$

Здесь величины A_a^i и A_{ia} образуют внутренний фундаментальный геометрического объекта отображения f_m^{2n} в смысле Г.Ф. Лаптева [2, 3]:

$$\Gamma_{2n} = \{\, A_a^i, A_{ia} \,\}.$$

Когда точка $B \in Q_m$ описывает кривую $q(t) = \{B\}_t$ с касательной $T\{B\}_q = (\bar{B}, \bar{\varepsilon}_a) t^a$, соответствующая ей точка $A_0 \in P_n$ описывает в силу (1) – (3) кривую $\{A_0\}_q$ с касательной $x = (\bar{A}_0, \bar{A}_i) A_a^i t^a$. Гиперплоскость L_{n-1} при этом опишет 1-семейство с характеристикой $\mathrm{Ch}(L_{n-1})_q = L_{n-2}(t)$ – пересечением L_{n-1} со своей бесконечной близкой L'_{n-1} первого порядка вдоль q. Эта характеристика определяется в терминах репера P пространства P_n уравнениями:

$$x^0 = 0, \; A_{ia} x^i t^a = 0. \tag{4}$$

В дальнейшем $T\{B\}_q$ и $T\{A_0\}_q$ будем называть направлениями. Совокупность всех направлений $u = (\bar{B}, \bar{\varepsilon}_a) u^a \in Q_m$, вдоль которых их образы при отображении f_m^{2n} пересекают гиперплоскость L_{n-1} в точках $\mathrm{Ch}(L_{n-1}) = \Pi \mathrm{Ch}(L_{n-1})_{\forall q}$, образует в Q_m гиперконус Q_{m-1}^2 второго порядка с вершиной в точке B, определяемый уравнением

$$Q_{m-1}^2 \Leftrightarrow g_{ab} u^a u^b = 0,$$

где симметрические величины g_{ab} определяются по формулам

$$g_{ab} = \frac{1}{2} A_{i(a} A_{b)}^i$$

и в силу (1) – (3) удовлетворяют дифференциальным уравнениям

$$\begin{aligned} &dg_{ab} - g_{cb} \theta_a^c - g_{ac} \theta_b^c = g_{abc} \theta^c, \\ &g_{abc} = \frac{1}{2} A_{i(a|c|} A_{b)}^i + \frac{1}{2} A_{i(a} A_{b)c}^i. \end{aligned} \tag{5}$$

Из (3) – (5) вытекает справедливость следующих теорем.

Теорема 1. В общем случае каждой точке $B \in Q_m$ при $m \le n$ и при $m \le 2n$ гиперконус Q_{m-1}^2 является невырожденным, т.е. не вырождается в гиперконус по крайней мере с прямолинейной вершиной, проходящей через точку $B \in Q_m$. При $m > 2n$ гиперконус Q_{m-1}^2 является вырожденным с $(m-n)$-мерной вершиной Γ_{2m-n}, проходящей через точку $B \in Q_m$.

Теорема 2. В случае $m > n$ в пространстве Q_m определены два голономных распределения:

$$\Delta_{m,m-n}^1 : B \to \Gamma_{m-n}^1 \quad \text{и} \quad \Delta_{m,m-n}^2 : B \to \Gamma_{m-n}^2,$$

где линейные подпространства Γ_{m-n}^1 и Γ_{m-n}^2 в терминах аффинного репера Q определяются уравнениями:

$$\Gamma_{m-n}^1 \Leftrightarrow A_a^i u^a = 0,$$

$$\Gamma^2_{m-n} \Leftrightarrow A_{ia}u^a = 0.$$

Вдоль направлений $(m-n)$-плоскости Γ^1_{m-n} (Γ^2_{m-n}) их образами при отображении f^{2n}_m является точка A_0 (гиперплоскость L_{n-1}).

СПИСОК ЛИТЕРАТУРЫ

1. Евтушик Л.Е., Лумисте Ю.Г., Остиану Н.М., Широков А.П. Дифференциально-геометрические структуры на многообразиях // Итоги науки и техники. Сер. Пробл. геом. – 1979. – Т. 9. – С. 3–246.

2. Лаптев Г.Ф. К инвариантной теории дифференцируемых отображений // Тр. Геом. Сем. – М., 1974. – №16. – С. 37–42.

3. Лаптев Г.Ф. Дифференциальная геометрия погруженных многообразий // Труды московского математического общества. – М., 1953. – Т. 2. – С. 275–382.

4. Рыжков В.В. Дифференциальная геометрия точечных соответствий между пространствами // Итоги науки. Алгебра. Топология. Геометрия. – Москва, 1971. – С. 153–174.

Монастырёв В.Д.
кандидат филологических наук, зав. сектором лексикографии Института гуманитарных исследований и проблем малочисленных народов Севера СО РАН, г. Якутск

ВОЗНИКНОВЕНИЕ И РАЗВИТИЕ ЯКУТСКОЙ ПИСЬМЕННОСТИ

Первый историк якутского языкознания профессор Е.И.Убрятова справедливо считала, что якутский язык по своей изученности в дореволюционное время представлял собою счастливое исключение среди языков других народов бывшей Российской империи [4,9]. Эта традиция была достойно продолжена последующим поколением исследователей якутского языка.

Как известно, якутский язык (саха) является одним из древнейших языков, очень рано отделившихся от основной массы тюркоязычных племен (примерно 1500-1600 л.н.) и прошедший долгий изолированный от других тюрксих языков путь развития.

Генеалогическую линию якутского языка обычно начинают с неизвестного тюркского, который по своему морфологическому строю близок к языкам орхоно-енисейских памятников. Таковым языком А.П.Окладников считает язык ленско-прибайкальских рунических памятников [2, 320]. В Восточной Сибири в общей сложности обнаружено более 50-тидесяти рунических надписей, из них около 20-ти найдены в Прибайкалье и Средней Лене (на территории Якутии). Некоторые из них были расшифрованы. Это петровские, шишкинские тексты, надписи местностей Кулун Атах, Аартык и др. В 1995-2003 гг. на территории Якутии были найдены новые рунические надписи и руноподобные знаки, которые как отмечают исследователи были начерчены тюркоязычными предками якутов [1, 7].

Положение о наличии у якутов добуквенного письма с древних времен выдвигалось в разное время М.Рясяненом, академиками С.Е Маловым, А.П.Окладниковым и другими. По мнению исследователей истории якутской письменности, древняя письменность якутов в основном находила свое выражение в так называемых «знаменах» (тамгах) – условных знаках, рисунках, встречающихся в докумснтах XVII – XIX веков и заменявших собою подписи и печати. Эти «письмена» продолжали существовать наряду с буквенным письмом вплоть до 30-х годов 20-го столетия [5, 279-284].

Историю буквенной письменности якутов признано начать с XVII века, с начала освоения русскими землепроходцами Восточной Сибири и Дальнего Востока и распространением русской грамотности среди якутов. Если записи, сделанные латинскими и русскими буквами еще в XVII веке Н.Витзеном, Э.И.Идес, далее в XVIII-XIX вв. Ф.И.Страленбергом,

Г.Ф.Миллером, Я.И.Линденау, А.Ф.Миддендорфом и др. принято считать памятниками ранней якутской письменности, то время до середины XIX века можно закономерно назвать периодом «зарождения буквенной письменности якутов» [там же, 279-286].

В связи с распространением православной веры среди инородцев в первой половине XIX века начали появляться первые религиозные издания на якутском языке. Это «Сокращенный катехизис для обучения юношества православному закону христианскому, переведенный на якутский язык, с приложением впереди таблицы для складов и чтения гражданской печати» на основе первого миссионерского алфавита священника Г.Я.Попова (1819), второе издание «Катехизиса» с аналогичным названием на якутском языке параллельно с русским текстом (1821). Эти два издания «Катехизиса» служили не только для распространения православного христианского вероучения, но и параллельно являлись учебными пособиями для обучения якутской и русской грамоте.

В конце XIX в. началось изучение якутского языка с научной точки зрения. После возвращения А. Миддендорфа из сибирской экспедиции его материалами по якутскому языку заинтересовался О.Н.Бетлингк – один из крупнейших востоковедов своего времени. В 1851 г. была опубликована его знаменитая работа «Ueber die Sprache der Jakuten» («О языке якутов»), составившая эпоху в мировой тюркологии. Выходом в свет этой работы положено начало научному изучению якутского языка. О.Н.Бетлингк внес также огромный вклад в разработку якутской письменности. В основу своего алфавита О.Н.Бетлингк положил русский алфавит с добавлением букв для специфических якутских звуков. А его орфография – фонетическая, направлена на максимально точное отражение фонемного состава якутского языка.

В конце XIX в. изучением якутского языка занялись политические ссыльные. Среди них особое место занимает Э.К.Пекарский. Он известен как составитель и редактор академического издания серии «Образцы народной литературы якутов» в трёх томах, восьми выпусках (1907-1918), где содержатся полные и сокращенные тексты 19 олонхо. Имя Э.К.Пекарского вошло в историю мировой тюркологии как создателя фундаментального «Словаря якутского языка» в 13 выпусках в общей сложности (1907-1930). В нем зарегистрировано 38 тысяч заглавных единиц. До революции было издано всего 5 выпусков словаря. Последний 13 выпуск увидел свет лишь в 1930 году. Словарь справедливо называют сокровищницей языка и национальной культуры якутов.

Таким образом, в период до Октябрьской революции 1905 г. плодотворное научное изучение якутского языка сопровождалось зарождением и развитием дореволюционной письменности якутов. Только после революционных событий 1905-1907 гг. целенаправленно стали приниматься меры по оживлению письменности на якутском языке и приданию ей общественного характера.

В 1912-1913 гг. выходил первый ежемесячный общественно-политический и литературно-художественный журнал на якутском языке «Саха–саната» (Голос якута), тоже основанный на бетлинговской транскрипции. Всего вышло 7 номеров. Свыше 30 литературных произведений А.Е.Кулаковского, А.И.Софронова, П.Н.Черных-Якутского, образцы народного творчества, рассказы и стихи печатались в этом журнале. Также печатались переводы отдельных произведений русских авторов. В этот период существовала даже переписка на якутском языке между грамотными людьми.

Именно эти публикации, издания заложили прочную основу для зарождения и дальнейшего развития письменного якутского литературного языка в дореволюционный период.

Целеустремленная работа по созданию массовой национальной письменности у якутов началась лишь после победы Октябрьской революции 1917 года. Неоценимый вклад в это внес один из видных общественных деятелей Якутии того времени Семен Андреевич Новгородов (1892 – 1924) - выпускник Петроградского университета. В1917 году он составил новый якутский алфавит, который в 1924 г. официально был провозглашен государственным. Его алфавит и транскрипция действовали до 1929 года.

В связи с латинизацией письменности всех тюркских народов в марте 1929 года постановлением правительства Якутской АССР в качестве графической основы якутской письменности принят единый тюркский алфавит, разработанный на базе латинской графики.

В период действия нового латинского алфавита значительно расширилась школьная сеть. Началась коренизация (якутизация) школы в объеме семилетнего обучения. Получили развитие почти все жанры якутской литературы. С ростом повышения образовательного уровня населения Якутии все больше возрастала потребность в знании русского языка. После Октябрьской революции в якутский язык проникло огромное количество слов из русского языка. В связи с этим назрела необходимость письменного упорядочения этой лексики. В силу этих причин во второй половине 30-х годов среди всех тюркоязычных народов началось движение за переход с латинского алфавита на русский.

В августе 1939 г. был принят и утвержден Верховным Советом ЯАССР новый якутский алфавит на основе кириллицы.

Одновременно с алфавитом были утверждены и «Основные правила якутской орфографии», составленные Институтом языка и культуры при Совнаркоме ЯАССР. Принципиально новым стало введение русского написания основ заимствованных терминов. В последующем правила якутской орфографии претерпели изменения в ходе развития и получили некоторые поправки в 1962 г. Принятие новых правил орфографии было в основном продиктовано трудностями, возникающими при написании заимствованных слов из русского языка.

14 февраля 2001 года Правительством Республики Саха (Якутия) были приняты и утверждены новые правила орфографии якутского языка, основанные преимущественно на фонетическом принципе, предусматривающем правописание заимствованных слов согласно фонетическим законам якутского языка, а также возможность написания некоторых слов в двух вариантах. Такая фонетизированная орфография заимствованных слов с точки зрения проблем нормы литературного языка, как правильно отмечает П.А.Слепцов, направлена против засорения языка неосвоенными русизмами [3,41].

В целях упрощения составители правил новой орфографии внесли в некоторые академические правила орфографии 1962 года незначительные поправки, дополнения и уточнения. На основе новых правил орфографии ныне создается беспрецедентный свод лексики якутского языка - многотомный (15 томов) Большой академический Толковый словарь якутского языка на двух (якутском и русском) языках, отражающий в концентрированном виде все лексическое богатство языка.

Данный словарь должен стать гарантом государственного статуса якутского языка, который наряду с русским 27 сентября 1990 г. Декларацией о государственном суверенитете республики провозглашен государственным языком республики Саха (Якутия).

Наряду с якутским русский язык является языком общения многочисленных народов Якутии, рабочим языком многих коллективов. И при таких условиях именно русский алфавит на основе кириллицы является наиболее подходящим и апробированным временем для якутской письменности.

Литература

1. Левин Г.Г. Лексико-семантические параллели орхонско-тюркского и якутского языков. Новосибирск, Наука, 2001.- 187 с.

2. Окладников А.П.История Якутской АССР, - М.: Изд-во АН СССР, 1955.-Т.1.– 428 с.

3. Слепцов П.А.Якутский литературный язык. Формирование и развитие общенациональных форм, Новосибирск, изд-во «Наука», 1990.- 274 с.

4. Убрятова Е.И. Исследования по синтаксису якутского языка. I: Простое предложение.- М., Л: Изд-во АН СССР,1950.- 242с.

5. Харитонов Л.Н. «Современный якутский язык», Якутск, 1947.- 284с.

Проскурина А. В.

кандидат филологических наук, доцент кафедры стилистики риторики
Кемеровского государственного университета
proscurina@yandex.ru

К ВОПРОСУ О ДЕРИВАЦИОННОЙ СЕМАНТИКЕ ГЛАГОЛЬНОЙ ПРОИЗВОДНОЙ ЛЕКСИКИ (НА МАТЕРИАЛЕ РУССКИХ НАРОДНЫХ ГОВОРОВ)

Для современного этапа развития лингвистики, ориентированной на изучение языка сквозь призму его культурного бытия, характерен интерес к семантике разноуровневых языковых единиц, в том числе и деривационных единиц.

В рамках традиционной (структурно-системной) дериватологии был обоснован самостоятельный статус словообразования наряду с его межуровневым положением в языковой системе. Словообразовательный уровень языка характеризуется наличием структуры с упорядоченными отношениями между её элементами, типизированностью словообразовательных процессов и формируется всей совокупностью функционирующих в его пределах единиц.

В настоящее время словообразование, имеющее коммуникативную направленность, трактуется как категоризующая система, то есть система, отражающая видение мира человеком и, следовательно, интерпретируемая как фрагмент языковой картины мира [2, 23]. Словообразовательный механизм, будучи одним из способов осуществления коммуникации, «принимает участие в формировании различных слоёв высказывания, создавая разные типы словообразовательной семантики [4, 5]. «В силу того, что словообразовательные процессы являются типизированными, строятся по аналогии, а типизация может быть разной степени абстракции – от грамматико-словообразовательной до лексико-словообразовательной» [1, 12] – каждый тип словообразовательной семантики отражает определённые виды связей культурно значимых предметов и явлений «осмысленной» человеком внеязыковой действительности. Словообразовательным значениям задается «антропное» содержание, поскольку полагается, что в языке фиксируются лишь значимые для практической деятельности человека отношения между вещами, включая причинно-следственные отношения.

Объектом пристального внимания учёных-дериватологов выступает производная субстантивная лексика, структура именных словообразовательных типов, словообразовательных гнезд и словообразовательных ниш, явления полимотивации, полисемии и синонимии на словообразовательном уровне. Это свидетельствует о сложившейся устойчивой традиции описания производной субстантивной лексики как на материале литературного языка, так и на материале русских народных говоров. Именно словообразование, как замечает Т. И. Вендина, «позволяет понять, какие элементы внеязыковой действительности и как словообразовательно маркируются, почему они удерживаются сознанием, ибо уже сам выбор того или иного предмета действительности в качестве объекта словообразовательной детерминации свидетельствует о его значимости для носителей языка» [2, 9]. Однако малоизученным остаётся вопрос о связи словообразовательных процессов и явлений с формированием языковой картины мира, в том числе сквозь призму диалектного глагольного словообразования.

Глагольное диалектное словообразование оказывается вне поля зрения исследователей, находясь на периферии дериватологических изысканий. Причины этого, на наш взгляд, видятся в том, что до сих пор когнитивные методы анализа разрабатываются применительно лишь к какому-либо одному объединению дериватов, что не позволяет установить системные отношения между ними и тем самым реализовать установку на типологическое описание словообразовательной специфики диалектов.

Расширение границ исследования посредством включения наряду с производными субстантивами малоизученной глагольной производной лексики обусловлено, с одной стороны, установкой на целостное моделирование диалектной словообразовательной системы, а с другой – спецификой словообразовательной семантики дериватов разной частеречной принадлежности. Деривационная семантика имени существительного и глагола зависит от их категориальной семантики (субстантивы представляют явления, предметы окружающего мира в статике, а глаголы – в динамике), что в свою очередь обусловливает разный семантический объём именной и глагольной словообразовательных подсистем, измеряемый набором и количеством их лексико-словообразовательных и словообразовательно-пропозициональных значений. Определение границ семантического объема обеих подсистем посредством пропозиционально-фреймового моделирования позволит вскрыть специфику именного и глагольного деривационного освоения мира диалектоносителями, проживающими на территории бытования определённых говоров (севернорусских, южнорусских, среднерусских, уральских, среднеобских, западносибирских, восточносибирских).

Диалектный материал даёт возможность глубже понять природу словообразовательных значений глагольной производной лексики путём их сопоставления со словообразовательными значениями дериватов-субстантивов, обнаружить стоящие за ними когнитивные структуры знаний (пропозиции, фреймы), выявить особенности словообразовательной категоризации мира, определить, какие сферы жизни диалектоносителей получают отражение в концептуальной и языковой картине мира и охарактеризовать специфику их мировидения в зависимости от территориального фактора.

Для обнаружения семантического своеобразия глагольной производной лексики нами предлагается поэтапное когнитивное моделирование словообразовательной системы русских народных говоров и её типологическое описание: на макроуровне и микроуровне (на уровне отдельных диалектных зон) через последовательное изучение производной лексики и способов её системной организации в границах словообразовательных типов. В ходе исследования предусматривается опора на уже имеющиеся результаты в сфере субстантивного диалектного словообразования. Семантический объём глагольной диалектной словообразовательной системы целесообразно узучать путём сопоставления с производными лексемами, которые функционируют в пределах словообразовательного типа «Осн. сущ. + ин(а)», рассмотренного уже с когнитивных позиций [3].

Поэтапное когнитивное моделирование словообразовательной системы русских народных говоров необходимо осуществлять на основе пропозиционально-фреймового моделирования семантической организации словообразовательных типов. Основные операциональные единицы когнитивного моделирования – пропозиция и фрейм – являются базовыми формами получения, обработки, хранения и актуализации языковой информации. Пропозиционально-фреймовая модель словообразовательного типа наглядно может продемонстрировать культурную маркированность диалектной словообразовательной семантики, ценностное видение мира, способы оценки внеязыковой действительности и обнаружить своеобразие в её лексико-словообразовательном освоении диалектоносителями. Применение метода пропозиционально-фреймового моделирования позволит описать лингвокультурологическое пространство словообразовательной системы русских народных говоров.

Литература

1. Араева, Л. А. Истоки и современное осмысление основных проблем русского словообразования / Л. А. Араева // Лингвистика как форма жизни. Сборник научных трудов, посвященный юбилею Л. А. Араевой. – Кемерово : Кузбассвузиздат, 2002. – С. 4–30.

2. Вендина, Т. И. Русская языковая картина мира сквозь призму словообразования (макрокосм) / Т. И. Вендина. – М.: Изд-во «Индрик», 1998. – 236 с.

3. Проскурина, А. В. Внутренняя форма словообразовательного типа (на материале русских народных гоыоров): монография / А. В. Проскурина. – Кемерово: ООО «ИНТ», 2010. – 199 с.

4. Резанова, З. И. Функциональный аспект словообразования. Русское производное имя / З. И. Резанова. – Томск: Изд-во Томского университета, 1996. – 219 с.

Тымболова А.О.

д.ф.н., доцент

Кушкимбаева А.С.

PhD докторант

Казахский национальный педагогический университет имени Абая

ПРАГМАТИЧЕСКИЙ УРОВЕНЬ М.АУЭЗОВА

Прагматический уровень языка означает готовность творческой личности к использованию прецедентных текстов, «крылатых выражений» в художественных произведениях. Известно, что для личности прецедентные тексты значимы с познавательной и эмоциональной стороны. Он, в основном, используется в сокращенном виде, определяет качества, связанные с целями языковой личности при создании произведения прагматического направления. Взяв за основу определение прецедентного текста ученого Ю.Н. Караулов, мы понимаем, что это тексты, знакомые группе потребителей языка, часть используемые и широко распространенные, определяющие культуру конкретного общества. Знание прецедентных текстов является показателем принадлежности человека к определенному культурному уровню, национальности. Они характеризуют культурный уровень членов общества, мировоззрение личности, его принадлежность к определенной нации и отчетливо характеризуют определенного человека. Отбор прецедентных текстов, используемых личностью, дает возможность увидеть систему мировоззрений, выраженную в языковой форме[6,115]. Прежде чем приступить к рассмотрению прецедентных текстов в пьесах М. Ауэзова, обратим внимание на определение термина прецедент: «Прецедент (в лат. языке слово praecedens используется в значениях предшествующий, прошедший)» - обстоятельство, служащее образцом для давно прошедших или схожих с ним ситуаций. В последнее время в исследованиях языкознания язык рассматривается с прагматической стороны, не языковые абстрактные модели, а наоборот их особенности через язык определенного потребителя языка [4]. Это означает исследование, определяющее вербальность отношений используемых слов в акте коммуникации писателя к адресату, вместе с тем языковое обозначение смысловой ассоциации, связанной с этим словом. Совокупность этих особенностей приводит к прочному закреплению слов в сознании потребителя языка. К данному ряду относятся паремии и афоризмы. «Паремия – народный жанр слова в малой форме, характеризующийся стабильностью» часто используемостью в слове [5]. К паремиям относятся пословицы и поговорки. Пословица – высказывание, точно определяющее какое-нибудь явление в жизни. В поговорках по сравнению с пословицами поучительного значения мало. Это грамматически законченные предложения со скрытым смыслом. В пьесах «Акан-Зайра», «Точило мужчины – вражда», «Без ловкости много не получишь». Пословицам, поговоркам как особенным микротекстам присущ прагматический характер. Использование пословиц и поговорок в традиционном значении для раскрытия ценных мировоззрений в контексте подчеркивает индивидуальную личность драматурга. Художник известные пословицы, поговорки превращает в средство передачи своего мировоззрения и своей идеи, к примеру, можно отнести пословицы, поговорки, используемые для выражения мысли, без никаких изменений в суффиксах и окончаниях: «Место кого ты обитаешь, ты намачиваешь воду того», «хоть уйдет от мужа, но от рода не уйдет», «по земле придет, под землю вернется», «может ли на свадьбе быть двум невестам?» Традиционные пословицы, поговорки, используемые в конкретной форме, определяют в контексте более глубокое значение мысли в цитате:«Я остановился, поняв, что знать свои возможности – это тоже мудрость: «Перестань, если в колодец упадет кулан, лягушки садятся на его уши» и это правда, почему я не слышу того, что мне говорили. Здесь актуализируется мысль, указывающая и направляющая адресата. Афоризмы являются древней единицей литературного жанра. «Афоризм (с греч. языка) – крылатое выражение известного автора, определяющее законченную мысль в разумной художественной краткой форме»[5]. Сила афоризма в умелом донесении главной идеи. Афоризмы служат не только средством выражения мысли автора к адресату одной среды, но вместе с тем ссылка на авторские афоризмы дает возможность использования афоризма как прагматического средства. Если взять афоризмы этой пьесы, то можно увидеть, как М. Ауэзов выигрышно использовал вместо крылатых выражений афоризмы без изменения при помощи интерполяционного приема. Умело использует некоторые афоризмы с изменениями «Это слово жирное», «Кто то хвалится богатством, кто то бекством, я бы гордился песней, посвященной Зайрам», «Печаль делил с Мажнуном», «Если есть основа, определишь происхождение слова», «Пульс сердце девушки», «Хоть и блестят, могут ли медные монеты быть деньгами?», «Можно ли быть приятным на вид без десятирублевого золота?», «Не бейте медь из за того, что не золото», «Находился у родственников деда, как затерявшийся щенок», т.е. реминисценции, аллюзии: «Забудь прошедшие дни», «Насильно мил не будешь», «Знать свои возможности – это тоже мудрость». Вспоминает словосочетания «Прошедший день не имеет знака», «Чужая жена не может быть тебе женой». Можно подытожить, что все способы «Интерполяция, реминисценции, аллюзия» основаны на использовании прецедентных текстов. Если учесть, что прецедентные тексты состоят из системы прецедентных речей, то можно сказать, что использование цитат в произведениях означает воспроизведение речи. Данной ситуации цитата, гармонично вливается в текст автора и служит средством аргументации языковой личности, это явление происходит и с обычными фразеологизмами, используемыми М. Ауэзовым.

Зайра: Ты хочешь сказать, что от игры возгорится пламень?

Акан: От игры возгорится не пламень. Я бы сказал, что мы играем с огнем [2, 85]. Здесь фразеологизмом «От игры огонь» автор хотел показать внутреннее состояние влюбленных. Вместе с тем, сохранив полное значение фразеологизма, изменяет только форму предложения: «У поймавшего в руках, у откусившего во рту», «Если ты благороден, выбрав, полюби одного», «Если основательно, люби мужа, ибо народ не похвалит», «Голову дали на отсечение», «Любил брать не бесплатно, а потом, трудом» и т.д. здесь мы видим использование словосочетаний автором с изменениями в системе языка. В дискурсах М. Ауэзова часто встречаем эмоционально- экспрессивные фразеологизмы: «Время Акана проходит, он не может быть крышкой для рта людей», «Что это они как будто набрали в рот воды», автор их использует для построения литературного контекста, с целью точного донесения до адресата. Прагматика рассматривает интенцию в разговорном акте говорящего «Интенция (лат. слова – «Стремится») – коммуникативное намерение говорящего о том, что он скажет и о чем должен знать во время разговора.[1,19]. Автор, составляя тексты, стремится дать значимое содержание, но этот замысел может дать конкретный результат только при чтении. Например, «Я определяющий болезнь по сосуду сердца девочки», «Не будем хвалит бриллиант, покрытый пылью. Похвалим блестящую монету. Будем сторонниками кармана, в который ее положили», «Не я ли разве держалась за тебя как за сильного» [2,89]. Фактор адресата учитывается и в стиле художественной литературы. Во многих произведениях авторы, применяя специальные языковые способы, оставляют впечатление как будто находятся рядом с читателем и делятся своими тайнами[7,14]. Прагматическая цель автора - донесение до адресата свой замысел, соображение. Достичь этой цели возможно через выбор языковых единиц в системе языка. Автор и адресат, принимающий информацию, находится в языковом общении, поэтому предлагается при исследовании учитывать индивидуальные особенности автора и адресата с прагматической точки зрения. Чем дольше существует текст художественного произведения, тем дольше определяет время автора от адресата, постепенно меняются и адресаты. А смена адресата – приводит к иному восприятию текста, это знак появления «Обновленного текста». На основе этого появляется возможность определить лингвокультурологические единицы в языке драматурга М.Ауэзова, сохранившиеся в текстах в контексте социальном, культурном и историческом, особенно значение сохранившихся издревле культурных сведений (эти сведения сохранились в виде культурных стереотипов, культурных коннотаций, культурных концептов, культурных сем) [3,11]. В нашем исследовании прагматическая значимость языковых единиц определена через особенности национальных обычаев, традиций, истории. Это языковые единицы не утратили общенародное использование: «Быстроногий, удостоенный приза», «Ярмарка призов», «В дверь постучали внуки». Эти языковые единицы, также состязания айтысов в пьесе, сватание девушки, аменгерство (левират) торжество импровизаторов и т.д. являются осведомителями этнических сведений культурно-духовных ценностей. Прагматической целью драматических произведений М.Ауэзова, в нашем понимании, является сохранение, защита, донесение национального наследия для будущего адресата через обычаи, традиции, историю казахского народа того времени.

Список литературы:

1. Алкебаева Д.А. Прагмалингвистика казахского языка. – Алматы: Зият-Пресс, 2007. – 244 с.
2. Ауезов М. Собрание сочинений в 20 томах. .-Т.11. Пьесы. Алматы, Жазушы.1982. -424 с.
3. Анес Г.К. Лингвотекстология стих. Махамбета: автореферат дис. … кандидата филологических наук:. – Алматы, 2002. – 23 с.
4. Большая энциклопедия Кирилла и Мефодия [электронная версия]. БЭКМ, 2007. www.KM. Ru
5. Википедия (свободная энциклопедия в Интернете). – http://ru.wikipedia.org
6. Ермекова Ж.Б. Языковая личность М. Жумабаева. дис. … кандидата филологических наук, Алматы, 2010. -141 с.
7. Уали Н. Теоретические основы культуры казахского слова: автореферат дис. … доктора филологических наук. – Алматы, 2007. – 56 с.

Петропавловский И.А.*
профессор, д.т.н.
Почиталкина И.А.*
доцент, к.т.н.
Ряшко А.И.*
аспирант
* ФГБОУ ВПО Российский химико-технологический университет им. Д.И. Менделеева

КОНВЕРСИЯ ФОСФОГИПСА В СУЛЬФАТ АММОНИЯ ЖИДКОФАЗНЫМ МЕТОДОМ**

**Работа выполнена в рамках государственного контракта № 11.519.11.5005 с Министерством образования и науки РФ.

В настоящей работе приводятся результаты исследования процесса конверсии фосфогипса (отхода производства ЭФК из фосфорита месторождения Коксу, являющегося одним из наиболее перспективных месторождений бассейна Каратау) в сульфат аммония жидкофазным методом. Ранее, целесообразность этого метода переработки была показана на образцах фосфогипса, полученных в результате сернокислотного разложения хибинского апатитового концентрата [1-3] и фосфоритной муки егорьевского месторождения [4-7] и фосмуки Каратау (ТОО «Казфосфат»).

Как уже известно, конверсия фосфогипса основана на реакции:

$$CaSO_4 \cdot 2H_2O_{(тв)} + (NH_4)_2CO_{3(р-р)} \rightarrow CaCO_{3(тв)} + (NH_4)_2SO_{4(р-р)} + 2H_2O_{(ж)} \quad (1)$$

Вследствие меньшей растворимости карбоната кальция в сравнении с растворимостью сульфата кальция (примерно в 140 раз), реакция в водной среде при температуре 30-50°C и pH = 7-9 завершается практически полностью.

В зависимости от степени промывки фосфогипса, в захваченной им жидкой фазе (30-40%) содержатся $Ca(H_2PO_4)_2$ и H_3PO_4, которые также реагируют с аммиаком. В зависимости от количественных соотношений реагентов и условий протекания реакции в результате их взаимодействия могут образовываться дикальцийфосфат или фосфат аммония, или их смесь.

В настоящей работе раствор карбоната аммония для жидкостной конверсии концентрацией 20% был приготовлен по реакции:

$$2NH_{3(г)} + CO_{2(г)} + H_2O_{(ж)} \rightarrow (NH_4)_2CO_{3(р-р)} \quad (2)$$

Химический состав фосфорита Каратау месторождения Коксу, используемый для получения ЭФК и фосфогипса (масс. %): 24,6% P_2O_5, 1,4% MgO, 2,1% R_2O_3, 4,9% CO_2, 23% н.о.

Исследования, выполненные нами, проводились с полученными образцами фосфогипса, химического состава (масс. %) (табл. 1). Для сравнения в таблице приведены также данные для образцов фосфогипса из кольского апатитового концентрата и фосфоритов егорьевского месторождения:

Таблица 1

Химический состав фосфогипса

Образцы фосфогипса	$H_2O_{кр.}$, %	Массовая доля (в пересчёте на сухое вещество), %					
		$P_2O_{5\,общ.}$	$P_2O_{5\,вод.}$	SO_3	CaO	$F_{общ.}$	н.о.
Из кольского апатитового концентрата	20,9	1,1	0,5	55,8	39,1	0,35	0,75
Из фосфоритов егорьевского месторождения	15,39	3,17	–	33,15	25,06	–	14,66
Из фосфоритов месторождения Коксу	16,7	2,10	1,02	44,88	30,8	0,52	16,69

Содержание основных компонентов в фосфорите, фосфогипсе и конечных продуктах определяли по известным методикам [8]: CaO – трилонометрическим титрованием в присутствии индикатора эриохром черного Т, $P_2O_{5общ.}$ и $P_2O_{5вод.}$ – фотометрическим методом, $H_2O_{кр.}$, SO_3 и н.о. – гравиметрическими методами, $F_{общ.}$ – ионометрическим методом.

В термостатированный реактор помещали раствор карбоната аммония концентрацией 20%, по достижении заданной температуры в него дозировали расчётное количество фосфогипса при непрерывном перемешивании. Температурный режим процесса был выбран исходя из оптимальных условий протекания процесса, полученных для фосфогипса из кольского апатитового концентрата [1-3]. Количество $(NH_4)_2CO_3$ рассчитывали исходя из стехиометрического соотношения реагирующих компонентов с добавлением 10-120 % избытка по уравнению реакции (1). Гидродинамический режим и время протекания процесса были выбраны по предварительным опытам. В ходе эксперимента, в определенные моменты времени, отбирали пробы пульпы. Осадок промывали водой и после высушивания анализировали на SO_3. По результатам анализа рассчитывали значения коэффициента конверсии фосфогипса ($K_{конв}$) как отношение остаточного содержания SO_3 в твёрдой фазе к исходному содержанию SO_3 в фосфогипсе.

Таблица 2

Экспериментальные данные конверсии фосфогипса

Образцы фосфогипса	Жидкофазный метод переработки фосфогипса на сульфат аммония				
	t, °C	$C_{(NH4)2CO3}$, %	n, %	τ, мин	SO_3 в тв. ф.	$K_{конв}$, %
Из кольского апатитового	50	30	130	120	0,79	98,95
	20	20	100	120	–	99,7

концентрата	20	30	100	120	–	95,0
	20	20	130	120	–	99,8
	20	30	130	120	–	98,0
	50	20	100	120	–	99,9
	50	30	100	120	–	99,0
	50	20	130	120	–	99,9
	50	30	130	120	–	99,4
Из фосфоритов егорьевского месторождения	17,5	30	100	125	–	81,6
	17	30	105	120	–	93,5
	15	30	110	160	–	97,6
	22	30	102,7	165	–	92,6
Из фосфоритов месторождения Коксу	30	20	110	120	39,40	12,21
	40	20	110	120	40,14	10,56
	30	20	220	120	0,40	99,11

Таблица 3

Экспериментальные данные процесса конверсии фосфогипса

Время протекания процесса, мин	Условия опыта: $t = 30°C$; $n = 110\%$		Условия опыта: $t = 40°C$; $n = 110\%$		Условия опыта: $t = 30°C$; $n = 150\%$		Условия опыта: $t = 30°C$; $n = 220\%$	
	Содерж. SO_3 в тв. ф., %	$K_{конв}$, %	Содерж. SO_3 в тв. ф., %	$K_{конв}$, %	Содерж. SO_3 в тв. ф., %	$K_{конв}$, %	Содерж. SO_3 в тв. ф., %	$K_{конв}$, %
0	44,88	0,00	44,88	0,00	44,88	0,00	44,88	0,00
10	44,71	0,38	44,75	0,29	37,65	16,11	24,22	46,03
20	44,12	1,69	44,25	1,40	28,21	37,14	14,13	68,52
30	43,58	2,90	43,98	2,01	19,58	56,37	4,98	88,90
45	42,12	6,15	42,75	4,75	8,74	80,53	2,28	94,92
60	41,18	8,24	42,07	6,26	4,50	89,97	0,87	98,06
90	39,79	11,34	40,60	9,54	1,41	96,86	0,63	98,60
120	39,40	12,21	40,14	10,56	0,52	98,84	0,40	99,11

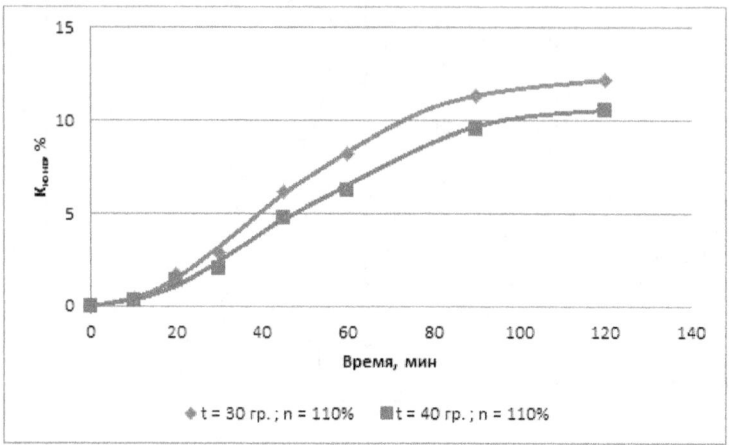

Рисунок 1. Зависимость коэффициента конверсии фосфогипса ($K_{конв}$) от времени протекания процесса: t – температура процесса, °C; n – норма раствора карбоната аммония от стехиометрии, %

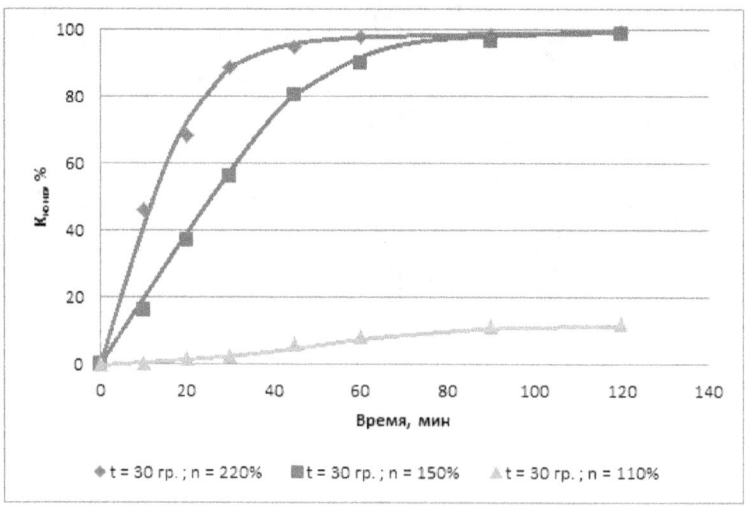

Рисунок 2. Зависимость коэффициента конверсии фосфогипса ($K_{конв}$) от времени протекания процесса: t – температура процесса, °C; n – норма раствора карбоната аммония от стехиометрии, %

В изученных условиях степень конверсии фосфогипса находится в пределах 12,2-99,1%. Недостаточная степень конверсии объясняется присутствием в фосфогипсе соединений примесных элементов, которые в основном остаются в твердой фазе.

Таким образом, практически полная конверсия достигается при 30°C и норме карбоната аммония 150% за 100 мин, норме 220% – за 60 мин, тогда как при норме 110% в тех же условиях она не превышает 20%. Т.е. для конверсии исследованного образца следует брать полутора-двухкратный избыток карбоната аммония. В этом случае в маточном растворе после отделения мела останется помимо сульфата аммония избыточный карбонат аммония. Во избежание его накопления в жидкостном рецикле, представляется целесообразным направлять его на приготовление свежего карбоната аммония в голову процесса конверсии. К тому же следует изучить поведение карбоната аммония при упаривании маточного раствора. Карбонат аммония является термически нестабильным соединением и при упаривании возможно его разложение на CO_2 и NH_3, а при конденсации сокового пара вероятно вновь образование раствора карбоната аммония и возврат его в голову процесса.

Литература

1. Эрайзер Л.Н., Горнев В.А., Косс Т.В. Разработка способа переработки фосфогипса в полезные продукты // Труды Одесского политехнического университета. – 1998. – Вып. 1. – С. 173-178.

2. Эрайзер Л.Н., Косс Т.В., Горнев В.А. Конверсия фосфогипса в сульфат аммония и известково-аммиачную селитру // Труды Одесского политехнического университета. – 2000. – Вып. 3. – С. 289-292.

3. Эрайзер Л.Н., Косс Т.В., Ткаченко Ю.П. Физико-химический анализ процесса конверсии фосфогипса в сульфат аммония и фосфомел // Труды Одесского политехнического университета. – 2004. – Вып. 1. – С. 1-6.

4. Вольфкович С.И., Камзолкин В.П., Соколовский А.А. Использование серной кислоты фосфогипса // Журнал химической промышленности. – 1929. – Том 6, № 13. – С. 923-927.

5. Вольфкович С.И., Камзолкин В.П., Соколовский А.А. Использование серной кислоты фосфогипса // Журнал химической промышленности. – 1929. – Том 6, № 14. – С. 1003-1019.

6. Вольфкович С.И., Соколовский А.А., Гуревич Л.М. Получение сернокислого аммония из фосфогипса // Журнал химической промышленности. – 1929. – Том 6, № 23-24. – С. 1721-1731.

7. Вольфкович С.И., Камзолкин В.П., Соколовский А.А. Получение сульфата аммония из фосфогипса // Труды НИУИФ. – 1929. – Вып. 64. – 66 с.

8. Методы анализа фосфатного сырья, фосфорных и комплексных удобрений, кормовых фосфатов. – М.: «Химия», 1975. – 218 с.

Аракелова И.В.

доцент,к.э.н., Волгоградский государственный технический университет,
кафедра «Мировая экономика и экономическая теория»,
e-mail: iv.arakelova@gmail.com

ПОТРЕБИТЕЛЬСКАЯ ЭКОНОМИКА В СОВРЕМЕННОМ ИНФОРМАЦИОНОМ ОБЩЕСТВЕ

По мнению специалистов, потребительская экономика (ПЭ) – это экономическая система, ориентированная на максимальное потребление домашними хозяйствами. В рамках ПЭ потребление приравнивается к приобретению благ или услуг. Существует несколько подходов к ПЭ, предлагаемых теоретиками и практиками в области маркетинга. Первый подход – «потребление стимулирует развитие ПЭ», второй – «производство стимулирует развитие ПЭ». Суть первого подхода можно сформулировать следующим образом. Домашние хозяйства стремятся увеличить потребление. Происходит это по нескольким причинам. Во-первых, индивиды стремятся улучшить качество потребляемых продуктов, товаров и услуг. Во-вторых, внешняя среда навязывает ценности, ориентированные на высокие стандарты потребления. Соответственно, производители стремятся предложить еще больше товаров, услуг, различную модификацию товаров и услуг. Причем, стоимость их может быть завышенной. Во втором случае, если нужный продукт сделан, потребитель будет покупать его.

При исследовании ПЭ с применением любого подхода выявляются ее две неразрывные стороны: во-первых, это необходимость тщательного изучения структуры потребления, доходов и расходов населения. Во-вторых, это необходимость индивидуализации деятельности хозяйствующих субъектов по удовлетворению потребностей покупателей. Потребительская экономика, ориентируя человека исключительно на максимальное потребление, предполагает формирование общества потребления со своими ценностями, образом жизни, жизненными стандартами.

В работе [1,с.13] предложена схема, характеризующая структуру деятельности персонала. Эта схема носит универсальный характер и применима для индивида. В основе психологического поведения человека в сфере экономики лежат ценности, потребности, мотивы, интересы, стимулы, что отражено на рис.1. В представленном механизме, ценности и потребности составляют сущность системы мотивов. С точки зрения экономической науки, мотив - это форма проявления потребности, уже осознанной, которая сформировалась под воздействием внешних условий и в то же время является побуждением к действию [1,с.14]. По нашему мнению, ценности влияют на осознание потребности и формируют интерес. Внешним воздействием, влияющим на формирование потребности, являются интересы (выгода) и стимулы. Таким образом, в мотиве ценности, потребности, интересы и стимулы связаны в неразрывном единстве, взаимно друг друга предполагая. Практическая деятельность требует выделить основное звено, воздействие на которое позволило бы побудить к действию человека. Сегодня таким звеном, на наш взгляд, являются *ценности*. Таким образом, ввоем исследовании мы будем опираться на данную концепцию мотивации поведения индивида.

Рис. 1. Механизммотивации поведения индивида
Источник: составлено автором

Необходимо отметить, что детальная проработка представленного вопроса, позволяет наиболее точно определить какой нужно предложить товар или услугу целевому клиенту. Более того, компании в реализации своей стратегии, ориентированной на клиента, должны проводить опросы, позволяющие ответить на вопрос «в чем испытывает потребность клиент», «какой товар/услуга необходимы клиенту для удовлетворения возникшей потребности?». Для решения этой задачи автор предлагает составление карты потребностей, представленную в таблице 1. Это первый шаг для формирования долгосрочных отношений с клиентом, основанных на его лояльности к компании, а также лояльности компании к своему клиенту.Карта предполагает проведение маркетингового исследования по заданным направлениям. Порядок работы с картой следующий:

1) составляется список товаров (услуг) предприятия, предназначенных целевой группе потребителей;

2) каждому товару/услуге эксперт дает подробное описание (назначение, для кого, свойства, область применения (широкая, узкая), частота потребления (редко, периодически, постоянно), эластичность товара/услуги, отсутствие /наличие бюджетного ограничения потребителя);

3) по каждому товару (услуге) эксперт формулирует удовлетворяемую этим товаром (услугой) потребность целевых клиентов;

4) формулируется ценность или список ценностей, влияющих на потребность;

Анализируя итоги по всем позициям карты, компания, должна определить степень удовлетворения потребности, а, следовательно, и состояние, коммерческие перспективы соответствующих товарных рынков и рынков услуг.

Таблица 1

Карта потребностей: исходные данные для определения точного предложении клиенту

Перечень потребностей целевых потребителей	Уровень в иерархии потребностей	Природа возникновения потребности	По сфере жизне-деятель-ности	Степень рациональности	Перечень товаров/услуг	Характеристика товара/услуги	Ценности личности, влияющие на потребность и учитываемые при приобретении товара, услуги

Источник: составлено автором

Рассмотрим каждую позицию карты.

1)Имея перечень потребностей целевых потребителей, производитель может получить информацию о степени готовности потребителя платить за удовлетворение своих потребностей.

2) Уровень в иерархии потребностей. Понимание к какому уровню в иерархии относится та или иная потребность (первичные, вторичные), можно определить факторы, влияющие на потребность.

3) Природа возникновения потребности. Очень важно разобратьсяв цепочке потребностей и цепочке товаров/услуг, предшествующих предлагаемым товарам и услугам. Возможен риск для компании в случае удовлетворения потребности в предыдущем звене цепочки товаров/услуг.

4) Степень рациональности. Этот критерий определяет степень готовности потребителя принять предлагаемый на рынок товар/услугу. При этом необходимо учитывать уровень дохода потребителей.

5) Перечень товаров/услуг. Определяются товары, услуги по удовлетворению выявленных потребностей целевых клиентов.

6) Характеристика товаров и услуг. В данном случае предполагается подробное описание товара/услуги, его назначения. Формулируется для кого произведен товар /оказывается услуга, для индивидуального потребления, группового; какая потребность должна быть удовлетворена (для чего?); свойства товара; область применения (широкая, узкая); частота потребления (редко, периодически, постоянно); эластичность товара/услуги (как изменяется потребление товара/услуги в зависимости от дохода, цены,возраста покупателя, моды на товар/услугу).

7) Ценности личности, влияющие на потребность и учитываемые при

приобретении товара, услуги . По-нашему мнению, ценности влияют на осознание потребности и формируют интерес человека к товару, услуге. Поэтому для более точного определения потребности необходимо исследовать ценности целевого потребителя. В своей концепции мы исходим из позиции Гжегоша Колодки,[2,с.403-404], что в основе развития экономики, а значит рынков, лежит культура. С уточнением, что в основе развития, эволюции потребительской экономики лежат еще и ценности.

Данные таблицы заполняются после проведения глубокого маркетингового исследования. Предполагается создание клиентских баз данных и формирование маркетинговых баз данных в организации.

На наш взгляд, **потребительская экономика** - это экономика, в центре которой стоит человек, со своими потребностями как низшего, так и высшего порядка, т.е. потребностью в самореализации. Высшая степень развития потребительской экономики – это создание инфраструктуры, системы отношений между субъектами экономики, ориентированными на человека. В ПЭ в условиях глобализации и перенасыщения рынков появляются новые потребности, изменяется характер потребления, потребитель становится инноватором, подсказывает производителю, что нужно производить. Таким образом, актуальна обратная связь с потребителем, отношения с потребителем становятся более индивидуализированными.

В условиях после вступления России в ВТО, российскому потребительскому рынку, необходимо не только сохранять, но и повышать конкурентные преимущества за счет максимального удовлетворения потребностей потребителей. Мы предполагаем, что в потребительской экономике в условиях глобализации и перенасыщения рынков, индивидуализация спроса заставляет производителей создавать новые, сначала эксклюзивные рынки, которые постепенно становятся массовыми. Известно, что глобализация должна обеспечивать рост эффективности международного разделения труда и интеграции мировых рынков. Глобализация направлена на снижение, прежде всего, государственных барьеров, на пути движения товаров, услуг, капиталов, информации. Очень важно взять правильный вектор развития российской потребительской экономики. Ориентируясь только на бесконечное потребление, развитие нашего, российского, общества может прийти в тупик. В настоящее время в России общественные ресурсы экономического развития могут стать потенциалом, огромным ресурсом, как для бизнеса, так и для формирующегося общества потребления.

Библиографический список

1. Шаховская, Л.С., Мотивация труда в переходной экономике: Монография/Научн.ред.С.А.Ленская.- Волгоград: Перемена, 1995.С. 13-14.
2. Колодко Г.В. Мир в движении / Г.В.Колодко; пер. с пол. Ю.Чайникова. – М.: Магистр,2009.-375с.
3. Шаховская, Л.С. Общественные ресурсы экономического развития: потенциал общества или потенциал бизнеса? / Л.С. Шаховская, И.В. Аракелова // Известия ВолгГТУ. Серия "Актуальные проблемы реформирования российской экономики (теория, практика, перспектива)". Вып. 12 :межвуз. сб. науч. ст. / ВолгГТУ. - Волгоград, 2011. - № 14. - С. 6-13.

Абдыкерова Г.Ж.
к.т.н., ст. преподаватель ВКГТУ им. Д. Серикбаева
Суйеубаева С.Н.
к.т.н., ст. преподаватель ВКГТУ им. Д. Серикбаева

ПЕРСПЕКТИВЫ РАЗВИТИЯ МАЛОГО БИЗНЕСА В РЕСПУБЛИКЕ КАЗАХСТАН

Развитие малого и среднего бизнеса является основой экономики любой страны. Опыт развитых стран свидетельствует о том, что формирование и развитие малого и среднего предпринимательства создает благоприятные условия для оздоровления экономики: формируется и развивается конкурентная среда; преодолевается отраслевой и региональный монополизм; происходит насыщение рынка товарами и услугами; осуществляется демонополизация экономики; внедряются достижения научно-технического прогресса; создаются рабочие места; эффективно используются материальные и нематериальные ресурсы; повышается экспортный потенциал; увеличиваются налоговые поступления; формируется средний класс.

Например, в ЕС разрабатываются механизмы привлечения и поддержки малых и средних инновационных предприятий (Small and Middle enterprises, SMEs) к исследованиям и проектам в области нанотехнологий. Компенсируются до 75 % вкладов инвесторов в эти проекты, проводятся специальные конкурсы поддержки SMEs, до 35 % бюджета этих конкурсов направлено только на поддержание малых и средних предприятий.

В Швеции высокая эффективность промышленности и достигнутый уровень благосостояния населения основаны на развитом инновационном секторе экономики, специализации на производстве наукоемкой продукции. Эта страна - европейский лидер по объемам НИОКР в расчете на душу населения. Здесь функционирует около 500 тыс. малых предприятий, на которых работает почти 1/3 всех занятых в промышленности. По количеству подобных предприятий скандинавское государство, при численности населения вдвое меньшей, чем в Казахстане, опережает нашу республику в 2,9 раза, а по действующим - в 5 раз. Ежегодно в Швеции возникает примерно 20 тысяч малых предприятий, вносящих наибольший вклад в научно-технические разработки и внедрение, создание новых видов товаров, услуг и технологий. В России число малых инновационных предприятий за последние годы превысило 40 тыс. единиц.

В Республике Казахстан развитие малого и среднего бизнеса является одной из приоритетных задач государственной политики. Ее успешная реализация определяет дальнейшее экономическое и политическое развитие страны. Как отметил Президент Н.А. Назарбаев в своем ежегодном послании: «Отечественное предпринимательство является движущей силой нового экономического курса; необходимо создание условий для перехода мелких предприятий и индивидуальных предпринимателей в разряд средних» [1].

В настоящее время в республике создана определенная база для развития малого и среднего бизнеса. Количество зарегистрированных субъектов малого бизнеса в республике ежегодно увеличивается. Так, на н1.01.2013 г. Количество субъектов малого предпринимательства составило 837083 единиц (доля в структуре всех действующих хозяйствующих субъектов составляет 91,7%) [2].

Доля малого и среднего бизнеса в ВВП страны составляет порядка 17,5%, в частном секторе экономики трудится свыше 60% занятого населения. Вместе с тем наблюдается узкая сосредоточенность малого бизнеса в торговле, а не в производственном секторе. Так, более 46% активных предприятий малого бизнеса сосредоточено в сфере торговли, ремонта автомобилей и изделий домашнего пользования, 14% - в строительстве, 12,1% - в сфере операций с недвижимым имуществом, аренде и услугах предприятиям, 10,9% - в промышленности [2].

Государство на сегодняшний день обеспечивает такие условия, чтобы субъекты предпринимательской деятельности имели возможность осуществлять свою деятельность в качестве полноправных участников рыночной экономики. Действует специальный Фонд развития малого предпринимательства «Даму», который осуществляет адресную поддержку малого и среднего бизнеса. Для успешного развития малого инновационного бизнеса в Казахстане созданы институты развития такие как: АО Фонд Устойчивого Развития «Казына», АО Инвестиционный фонд РК, АО Инновационный фонд РК, Центр маркетингово-аналитических исследований, Фонд науки МОН РК, Банк развития Казахстана, венчурные фонды. Создаются новые технологичные предприятия, рассматривается укрепление сотрудничества между университетами и промышленным сектором [3].

Вопросам дальнейшего укрепления предпринимательской среды уделено исключительное внимание в Послании Президента РК народу Казахстана Стратегия «Казахстан - 2050» от 14 декабря 2012 г., где определены последовательные действия по поддержке малого предпринимательства [1].

Для того чтобы поднять общий уровень деловой культуры и стимулировать предпринимательскую инициативу необходимо [1]:

– поощрять стремление малого и среднего бизнеса к объединению и кооперации и создать систему их поддержки и поощрения;

– развивать внутренний рынок за счет поощрения местных бизнес-инициатив и минимального, но жесткого регулирования;

– предусмотреть введение новой, более жесткой, системы ответственности для госчиновников, которые создают искусственные препоны для бизнеса;

– усовершенствовать механизмы поддержки отечественных производителей и принимать все необходимые меры для защиты и продвижения их интересов;

– на законодательной основе необходимо создать условия, при которых бизнес будет сам регулировать вопросы контроля качества предоставляемых товаров, работ и услуг, а также продолжить консолидацию бизнеса, что решит задачу широкого охвата и вовлеченности всех предпринимателей в реализацию новой стратегии;

– создание необходимых условий и предпосылок для перехода мелких предприятий и индивидуальных предпринимателей в разряд средних;

– отменить все разрешения и лицензии, которые напрямую не влияют на безопасность жизнедеятельности граждан Казахстана, и заменить их на уведомления;

– создать условия, при которых бизнес будет сам регулировать вопросы контроля качества предоставляемых товаров, работ и услуг. Нам необходимо выработать новую систему защиты прав потребителей, исключив для них многоуровневую систему принятия судебных решений;

– необходимо продолжить консолидацию бизнеса, что решает задачу широкого охвата и вовлеченности всех предпринимателей в реализацию этой новой стратегии;

– обеспечить механизм работы модели обязательного членства в Национальной палате предпринимателей, которая обеспечит делегирование предпринимателей широких полномочий и функций государственных органов в сфере профессионально-технического образования, комплексной сервисной поддержки малого бизнеса, особенно в сельской местности и моногородах, внешнеэкономической деятельности;

– перераспределение ответственности между государством и рынком, путем второй волны широкомасштабной приватизации.

Таким образом, для дальнейшего развития малого предпринимательства в Казахстане предусмотрен целый комплекс мероприятий стимулирующих предпринимательскую инициативу.

Литература:

1) Послание Президента РК лидера нации - Н.А. Назарбаева народу Казахстана «Стратегия Казахстан - 2050». www.akorda.kz
2) www.stat.kz
3) Программа «Дорожная карта бизнеса 2020». . www.akorda.kz

Шаперенков А.В

канд. эконом. наук, заместитель председателя правления ОАТ «ВиЕйБи Банк»

ОБЬЕКТИВНЫЕ ПРЕДПОСЫЛКИ УЧАСТИЯ БАНКОВ В РАЗВИТИИ ИННОВАЦИОННОГО ПОТЕНЦИАЛА

В условиях изменения общей философии современной монетарной среды и начала гонки инновационных вооружений практически во всех странах мира заострились вопросы расширения масштабов привлечения внебюджетных средств для инновационной деятельности и активизации участия банков в этом процессе.

Идеи необходимости накопления средств финансовыми посредниками с последующей их трансформацией в инновационные ресурсы с использованием ссудных форм были выдвинуты еще А. Смитом, Ф. Бастиа, А. Маршаллом [1; 2; 3]. Первые формы связи кредитной системы с технологическими процессами были исследованы Й.Шумпетером и Р.Гильфердингом, которые считали, что с ростом органического строения капитала растет кредитная сфера, а технологическое развитие промышленного производства в свое время стало движущей силой прогресса рынков финансовых капиталов [4; 5]. Ими было обнаружено, что технический прогресс порождает противоположные тенденции относительно длительности периода обращения капитала и потребности производства в денежном капитале. С одной стороны, развитие науки и техники сокращает период изготовления и реализации товара, тем самым ускоряя оборот капитала, который формирует потребность в увеличении денежного капитала. С другой стороны, с развитием технического прогресса увеличиваются объемы товаров и снижаются цены, а потому для обеспечения следующего цикла производственного процесса требуется меньше денежного капитала. При этом сокращение периода оборота капитала ускоряет период трансформации товарной формы стоимости в денежную, превращение ее в прибыль и в капитал [4; 5]. Следовательно, исторически было доказано, что между технологическим прогрессом и финансовым механизмом происходит диалектическая взаимосвязь, когда причины и следствия меняются местами: развитие технологий содействует развитию финансов, а развитие финансов обеспечивает развитие технологий. Технологический прогрес, вызывая расширение спроса на заимствованные средства, содействовал развитию финансово-кредитных рынков, а те, в свою очередь, обеспечивали ускорение технологического прогресса. Финансово-кредитные рынки воспринимали импульс спроса на финансовые ресурсы, осуществляли мобилизацию финансовых средств и направляли их в технологические сферы.

В современном мире связь финансового сектора с реальным сектором значительно изменилась. В частности, в течение последних десятилетий фиксируются следующие отличительные черты развития финансового сектора:

> опережение темпов роста рынков денежного капитала сравнительно с общими темпами экономического роста;

> ускорение роста активов финансового сектора сравнительно с активами реального сектора;

> усиление спекулятивного характера операций на финансово-кредитных рынках;

> повышение волатильности финансового сектора;

> изменение внутренней структуры финансового сектора – кредит уступает место ценным бумагам, среди которых наиболее популярными становятся деривативы. Последние, не имея непосредственной связи с реальными активами, обеспечивают своим владельцам спекулятивную прибыль от изменения цен. В развитых странах объемы тансакций с деривативами намного превышают объемы банковских трансакций;

> углубление дифференциации доходности финансовых активов и прибыльности реальных активов, от чего изменяется структура инвестиций – вместо финансирования инвестиций в производственные активы капитал перетекает в непроизводственные сферы и финансовые спекуляции и т.д.

В результате, финансовый сектор стал обслуживать не только интересы в обеспечении непрерывности процесса реального воспроизводства, а и интересы в получении доходов от спекулятивных операций. Значительная часть финансового сектора функционирует в относительном отрыве от реального сектора и имеет более высокую норму прибыли. Иными словами, в современном финансовом секторе соединяются механизмы, которые опосредствуют функционирование реального сектора экономики и обслуживают интересы капитала вне реального сектора. Учитывая органическую связь финансового и промышленного капитала, более высокая прибыльность спекулятивных финансовых операций создает условия для вымывания финансовых ресурсов из реального сектора в интересах финансового. Особенно быстро такое переливание капитала происходит в странах с трансформационной экономикой, к которым принадлежит и Украина.

В украинской экономике интенсивный перелив капитала связан, с одной стороны, с процессом интенсивного вывоза капитала из страны, который в последние годы достиг угрожающего для национальной безопасности страны уровня (по официальным данным, со времени провозглашения независимости Украины, было вывезено около 30 млрд.

дол. США, причем ежегодно вывозится 1,5-2 млрд. дол.), а с другой стороны, с расширением присутствия иностранного капитала в отечественных банках, часть которого в настоящее время приближается до 40% [6]. Вместе с иностранным капиталом национальная экономика «импортировала» не только положительные, но и отрицательные свойства иностранных банковских систем. Несмотря на это, в Украине именно банковская система способна обеспечить кредитную поддержку всех стадий развития инновационного потенциала. Это связано, прежде всего, с общей закономерностью развития финансовой и инновационной системы (чем в большей степени инновация ориентирована на рынок, тем в меньшей степени в процессе ее создание должно принимать участие государство). Кроме этого, украинский финансовый рынок организован за принципами банкоориентированной модели, а потому банковский кредит играет более важную роль, чем другие формы финансирования инноваций. Следует отметить, что исследования Кильского института мирового хозяйства показали отсутствие прямой связи между объемом государственного финансирования и развитием инновационного потенциала [7]. Это подтверждается и примером Японии – страны с самым низким удельным весом участия государства в научных расходах, но с высоким уровнем расходов на научно-исследовательские цели.

Таким образом, необходимость исследования современной роли банков, как наиболее весомых носителей кредитной формы денежного обеспечения развития инновационного потенциала, обусловлена как вышеупомянутыми тенденциями развития денежного и товарного рынков, так и потребностями активизации альтернативных источников в формировании капитальной базы инновационного потенциала общества. Практика функционирования банковских систем стран с развитой экономикой убеждает, что именно деятельность этих систем обеспечивает активную реализацию инновационно инвестиционных проектов и повышение уровня жизни людей.

Относительно целей, которые побуждают современные банки к активизации их участия в развитии инновационного потенциала, то большинство исследователей отмечают именно инвестиционно-экспансивную миссию банковских учреждений, в пределах которой выделяют ряд конкретных инвестиционно-инновационных целей :

➢ максимизация доходности, ликвидности и платежеспособности (Б.Луцив) [8]
➢ расширение доходной и клиентской базы банков (А. Головко, В. Грушко, М. Денисенко [9];
➢ стремлениям оптимизировать налогообложение банковских доходов (Л. Примостка)[10].

На наш взгляд, инвестиционно-экспансивную миссию банков в системе развития инновационного потенциала нельзя назвать адекватной современным реалиям. Хоть срочных предпосылок для ее переориентации или изменения пока еще недостаточно, но как в мире, так и в большинстве стран начался процесс понимания необходимости перехода к новой философии государственного управления и бизнеса. Несмотря на то, что, с одной стороны, планетарная и общественная потребность в усиленном развитии инновационного потенциала является недостаточно консолидированной, сам банковский бизнес в настоящее время находится в поиске новых каналов связи с реальным сектором экономики. Следовательно, в настоящее время начала формироваться новая концептуальная база новой миссии банков в системе развития инновационного потенциала. Банки вынуждены выходить за рамки традиционных операций, в том числе и на рынок инновационного инвестирования с целью диверсификации источников доходов. Поэтому, в пределах инвестиционно-экспансивной миссии банков в системе развития инновационного потенциала к вышеперечисленным целям целесообразно прибавить еще цель диверсификации доходов современных банков.

Таким образом, в современной общественно-экономической системе существуют как объективные, так и субъективные предпосылки усиления роли банковских учреждений в развитии инновационного потенциала. Их оценка и понимание может стать мощным фактором общественно-экономического развития любой страны.

Литература

1. Сміт А. Добробут націй: Дослідження про природу та причини добробуту націй / А. Сміт. – К.: Port–Royal, 2001. – 593 с.
2. Юхименко П. Історія економічних учень: [навч. посіб.] / П. І. Юхиме-ко, П. М. Леоненко. – [4-те вид., випр.]. – К. : Знання–Прес, 2012. – 514 с.
3. Історія економічних учень : підручник / [за ред. В. Д. Базилевича]. – К.: Знання, 2004. – 1300 с.
4. Шумпетер Й. Теория экономического развития. Капитализм, социализм и демократия / предисл. В.С.Автономова.— М.: ЭКСМО, 2007.— 864 с.
5. Гильфердинг Р. Финсовый капитал. Новейшая фаза в развитии капитализма: пер. с нем. И.Степанова.–М.: Государственное издательство, 1924
6. Шовкун І. Фінансові механізми інноваційного розвитку промисловості за технологічними укладами. Актуальные проблемы научно-технологической и инновационной политики в контексте формирования общеевропейского научного пространства: опыт и перспективы: Материалы международного симпозиума (Киев, 16-17 июня 2010 г.).- Киев.- Феникс, 2010
7. Васильєва Т.А. Банківське інвестування на ринку інновацій [Текст] /Т.А. Васильєва. – Суми: Вид-во СумДУ.-2007.- 513 с.

8. Луців Б.Л. Інвестиційний банківський портфель [Текст] / Б.Л. Луців — К.: Лібра, 2002. — 192 с.
9. Головко А.Т. Система банківського менеджменту [Текст]: навч. посібник / А.Т. Головко, В.І. Грушко, М.П. Денисенко. – Київ: ІНКОС, 2004. – 480 с.
10. Примостка Л.О. Фінансовий менеджмент у банку: Підручник.– К.: КНЕУ, 2009. – 468 с.

Кононенко А.Ф.

доктор физико-математических наук, заведующий сектором Вычислительного Центра имени А.А. Дородницына, Учреждение Российской Академии Наук, г. Москва

Перлов П.Л.

аспирант Московского Государственного Открытого Университета имени В.С. Черномырдина,

г. Москва

АЛГОРИТМ ПОСТРОЕНИЯ МЕХАНИЗМОВ РЕАЛИЗАЦИИ РЕШЕНИЙ КИОТСКОГО ПРОТОКОЛА

Для теоретического анализа возникшей конфликтной ситуации в работе [1] были приведены результаты расчетов по линейной игровой модели механизмов реализации решений Киотского протокола. Основная трудность при расчетах заключалась в переборе – последовательном подключении стран, берущих на себя обязательства.

В данной работе предлагается итерационный алгоритм, не требующий такого перебора.

§1. Линейная теоретико-игровая модель [1].

Пусть

н - индекс, определяющий начальные значения величин (до принятия Киотского протокола);

$N = \{1, \dots, n\}$ - множество рассматриваемых стран или групп стран;

i- номер страны (группы);

$f_i(x_i) = \propto_i x_i$ - ВВП i-ой страны (группы);

x_i - энергозатраты;

$\propto_i$ - коэффициент экономической эффективности энергозатрат;

$w_i(x_i) = x_i$ - объем выбросов ПГ, приведенный к объему выбросов CO_2;

b_i - коэффициент экологичности используемых технологий;

$w_i^{\text{н}}$ - объем фактических выбросов, приведенных к 1990г;

$W^{\text{н}}$- общий (мировой) объем выбросов;

$$W^{\text{н}} = \sum_{i=1}^{n} w_i^{\text{н}}$$

W - планируемый (уменьшенный по сравнению с фактическим) объем выбросов (решение Киотского протокола);

$W < W^{\text{н}},$

$$\Delta W = \sum_{i=1}^{n} \Delta w_i$$

$\Delta W = W^{\text{н}} - W > 0$ - планируемое уменьшение выбросов;

$\Delta w_i \geq 0$ - обязательства по сокращению выбросов i – ого субъекта;

$$\Delta w(m,p) = w_i^+ - w_i(m,p),$$

x_i^+ - максимальный (фактический) объем энергозатрат;

$w_i^+ = b_i x_i^+$ - максимальный объем выбросов (соответствует максимальному объему энергозатрат);

$f_i^+ = \propto_i x_i^+$ - максимальный объем ВВП.

Критерии государств определялись в виде:

$M_i = min[\Delta W, \propto_i f_i] \rightarrow max$, где параметр $\propto_i > 0$, соразмеряя индивидуальный критерий ВВП и коллективный критерий совокупных выбросов, определяет степень «альтруизма» руководства i - го государства.

Пронумеруем субъекты (игроков) так, что

$$\propto_1 a_1 x_1^+ \geq \propto_2 a_2 x_2^+ \geq \cdots \geq \propto_n a_n x_n^+.$$

§2. Итерационный алгоритм решения задачи.

Очевидно, что искомое значение ΔW удовлетворяет неравенству

$$0 < \Delta W < \propto_1 a_1 x_1^+$$

Поэтому в качестве начального приближения можно выбрать

$$\Delta W(1) = \frac{\propto_1 a_1 x_1^+}{2}$$

Шаг m.

Имея $\Delta W(m)$ вычисляем, используя соотношения для оптимальных решений из теоремы 1 [1]:

$$\Delta W^0 = \sum_{i=1}^{n} \Delta w_i^0 = \propto_i a_i x_i^0, \qquad i \in N_1$$

$$\Delta W^0 = \propto_i a_i x_i^0, \qquad x_i^0 = x_i^+, \qquad i \in N_2$$

N_1 – множество стран, взявших на себя обязательства;

N_2 – множество стран свободных от обязательств.

Получим $x_i(m,p) = min\left[x_i^+, \dfrac{\Delta W(m)}{\alpha_i a_i} \right].$

Далее последовательно вычисляем: $w_i(m,p) = b_i x_i(m,p),$

$\Delta W(m,p) = \sum_{i=1}^{n} \Delta w_i(m,p).$

Если $\left| \Delta W(m) - \Delta W(m,p) \right| \leq \varepsilon$ (ε - заданная точность), то полагаем

$$x_i^0 = x_i(m, p), \ \Delta w_i^0 = w_i(m, p)$$

и вычисления заканчиваются.

Если $|\Delta W(m) - \Delta W(m, p)| > \varepsilon$,   то   полагаем

$$\Delta W(m+1) = \frac{\Delta W(m) + \Delta W(m, p)}{2}$$

и переходим к следующему шагу итерационного процесса.

Сходимость процесса обеспечивает следующая.

Теорема. Оптимальное решение (сильное равновесие) ΔW^0 x_i^0, $i = 1,2,\ldots,n$, принадлежит отрезкам с концами соответственно $\Delta W(m)$, $\Delta W(m, p)$ и $x_i(m)$, $x_i(m, p)$.

Доказательство

Пусть $\Delta W(m) \geq \Delta W^0$, тогда

$$x_i(m,p) = \min\left[x_i^+, \frac{\Delta W(m)}{\alpha_i a_i} \right] \geq \min\left[x_i^+, \frac{\Delta W^0}{\alpha_i a_i} \right] = x_i^0.$$

Следовательно $w_i(m, p) = b_i x_i(m, p) \geq b_i x_i^0$.

Поэтому $\Delta w_i(m, p) = w_i^+ - w_i(m, p) \leq w_i^+ - b_i x_i^0 = \Delta w_i^0$.

Получаем $\Delta W(m, p) = \sum_{i=1}^{n} \Delta w_i(m, p) \leq \sum_{i=1}^{n} \Delta w_i^0 = \Delta W^0$.

Итак, имеем $\Delta W(m, p) \leq \Delta W^0 \leq \Delta W(m)$, $x_i(m, p) \leq x_i^0 \leq x_i(m)$.

Аналогично, при $\Delta W(m) \leq \Delta W^0$, получим $\Delta W(m) \leq \Delta W^0 \leq \Delta W(m, p)$, $x_i(m) \leq x_i^0 \leq x_i(m, p)$.

Предлагаемый алгоритм не требует громоздких вычислений. Более того, он может быть применим и для нелинейной модели [2].

Список литературы:

1. Кононснко А.Ф., Перлов П.Л. Результаты расчетов по линейной игровой модели механизмов реализации решений Киотского протокола.- XVIII Международный семинар "Технологические проблемы прочности", Подольск (24-25 июня 2011г). стр.181-186.
2. Кононенко А.Ф., Шевченко В.В. Теоретико-игровые модели механизмов реализации Киотского протокола. Сборник трудов Четвертой Международной конференции по проблемам управления (26-30 января 2009 года). ISBN-973-5-91450-026-6. М.: ИПУ им. В.А. Трапезникова РАН, 2009.

Коростин С.А.
кандидат экономических наук
доцент кафедры менеджмента Волгоградского государственного
университета

КЛАСТЕРНАЯ ФОРМА РАЗВИТИЯ СЕКТОРА МАЛОЭТАЖНОГО СТРОИТЕЛЬСТВА НА РЕГИОНАЛЬНОМ УРОВНЕ

Мир меняется под воздействием процесса глобализации, что диктует новые правила игры в современном экономическом мире. Процессу глобализации подвержены практически все сектора экономики. Компании укрупняются, становясь глобальными игроками, и получают, таким образом, дополнительные преимущества в виде «экономии на масштабе» и дешевых источников привлечения стороннего финансирования.

Глобальные компании продолжают приходить в Россию, начиная свой путь поглощения и развития с двух столиц и постепенно двигаясь в регионы через города-миллионники, областные центры. Российские компании, ощущая приход глобальных компаний или предвосхищая их приход и усиление конкуренции, спешат в регионы с целью застолбить «место под солнцем».

Ежедневно увеличивающаяся конкуренция вынуждает региональные компании и предпринимателей постоянно улучшать качество выпускаемой продукции, повышать качество предоставляемых услуг, постоянно работать над снижением издержек с целью снижения стоимости предоставляемых услуг или стоимости производимого товара для конечного потребителя.

Несомненно, процесс глобализации и исхода федеральных компаний в регионы не является равномерным по отраслям экономики. Так, мы можем видеть, что сфера продуктового и продовольственного ритейла в Волгоградском регионе, например, очень ярко представлена федеральными компаниями, и уже практически невозможно найти продуктовый магазин, который бы не работал в составе федеральной или региональной сети. При этом, в строительной индустрии ситуация находится в зачаточном состоянии и продолжает находиться в замороженном состоянии в связи с затянувшимся финансово-экономическим кризисом и нарастающим протестным настроением населения в связи с недовольствами политического устройства страны и работы властных институтов.

Эта ситуация очевидно играет на пользу представителям регионального бизнеса. Но она скоро изменится, и поэтому это время нужно использовать для того, чтобы подготовиться к грядущим изменениям.

Конечно, если владельцы компаний строительного сектора желают стать частью крупного российского или международного холдинга, то их задача упрощается до процесса сохранения бизнеса в работоспособном состоянии или доведения его до интересного для покупателя состояния. Однако, не все предприниматели хотели бы получить деньги в обмен на бизнес, а это значит, что необходимо выбрать стратегию противостояния надвигающемуся процессу «глобальной конкуренции». Компании должны учиться бороться со своими конкурентами, как избегать их сильных сторон, как пользоваться их слабостями.

Гуру маркетинга Джек Траут и Эл Райс предлагают рассматривать предстоящий процесс конкурентного противостояния не иначе, как войну, называя его «маркетинговыми войнами». И закономерно адоптируют и предлагают использовать инструменты, которые описаны в одной из лучших книг по стратегическим принципам, определяющим успех любой войны, прусским генералом Карлом фон Клаузевицем в 1832 г. «On War» (англ. «О войне»).

Очевидно, что преимущество в «войне» регионального малого, среднего и даже крупного строительного бизнеса и федерального или международного холдинга находится у последних, только исходя из численного и финансового превосходства. Ведь большая компания может позволить себе большие расходы на рекламу, большее число торговых точек, больший исследовательский отдел и т.д., демпинг в убыток себе продолжительное время на одном локальном рынке, покрывая убыток за счет прибыли других дивизионов.

Но это не значит, что у более мелкого конкурента нет будущего. Просто компаниям с малой долей рынка нужно правильно определиться со стратегией оборонительных действий. Очевидно, что для противостояния процессам глобализации и для сохранения или для дальнейшего развития собственного бизнеса региональным компаниям необходимо выбирать между двумя стратегиями: оборонительной и нишевой.

Для того, что бы определиться со стратегией, необходимо провести честный и адекватный анализ своих сильных и слабых сторон, и сильных и слабых сторон конкурентов, понять свои желания и амбиции. При этом при выборе любой из этих двух стратегий необходимо осознавать следующие принципы конкурентных войн:

- Все силы должны быть сконцентрированы в подавляющую массу;
- Оборонительная форма ведения «войны» сильнее наступательной.

Соответственно, в первую очередь компания должна сконцентрироваться на своих ключевых компетенциях. Если компания небольшая и монопрофильная, то ей удобнее всего занять нишевую стратегию, совершенствуя и усиливая свои ключевые компетенции, тем самым усиливая свое конкурентное преимущество. Это позволит сконцентрировать все силы на достижении совершенства в своей ключевой деятельности и приобрести постоянных лояльных клиентов.

Но если деятельность компании многопрофильная, и она вынуждена выполнять непрофильные функции, то компании необходимо стараться избавляться от своих непрофильных функций, передавая их на аутсорсинг. Однако, зачастую компании среднего и малого размера вынуждены продолжать осуществлять эти непрофильные функции в связи с незначительными объемами, которые не интересны для сторонних компаний. Получается замкнутый круг: компания распределяет свои финансовые средства между профильными и непрофильными функциями, и тем самым уменьшает объем финансовых средств, направляемых на профильную деятельность, т.е. уменьшает объем производимой продукции, что в свою очередь делает непривлекательным заказ для сторонней организации.

Выходом из сложившейся ситуации и одним из эффективных вариантов противостояния процессу укрупнения и глобализации средним и малым компаниям региона является кластерный путь развития.

Основоположником кластерной концепции развития новых производственных сетей является М. Портер, который описал тип кластера. Кластер – это группа близких, географически взаимосвязанных компаний и сотрудничающих с ними организаций, совместно действующих в определенном виде бизнеса, характеризующихся общностью направлений деятельности и дополняющих друг друга. Кластеры позволяют оптимизировать кооперацию между компаниями, согласовывать планы организаций, участвующих в нем. Кластерная концепция развития позволяет компаниям реализовывать консолидированный потенциал.

Кластер в строительной отрасли может объединять предприятия, которые специализируются на выполнении строительно-монтажных работ, производстве строительных материалов, проектировании, дизайне и обеспечении полного цикла строительных работ, предприятия, предоставляющие торговые, юридические, аудиторские, маркетинговые, информационные, образовательные и научно-исследовательские услуги.

Кластеры могут образовываться как снизу, по инициативе представителей компании, которые желали бы создать объединение для эффективного развития и противостояния глобальным конкурентам или сверху, по инициативе региональной власти, которая желала бы способствовать сохранению региональных компаний с целью сохранения объема налоговых поступлений в региональный бюджет.

Кластер, не имея юридической оболочки, но, работая как единый организационный организм, позволяет за счет сложения финансовых и организационных сил каждой из компаний, входящих в него и являющихся успешными в реализации своих ключевых компетенций, достигать положительного синергетического эффекта и эффективно конкурировать с крупными компаниями. При этом основной целью объединения является достижение конкретного экономического результата – производство конкурентного продукта и оказание услуг высокого качества, что способствует повышению эффективности каждой отдельной организации и ускорению развития экономики региона в целом.

Одним из положительных ключевых эффектов от объединения компаний в кластер является формирование единого информационного пространства, что позволяет обмениваться положительным опытом. Обмен опытом в технологическом и строительном аспекте позволяет распространить его на все компании, входящие в кластер, и снижать стоимость строительства за счет внедрения новых технологий, использования высокотехнологичных материалов и оборудования. Обмен опытом в правовом пространстве позволяет снизить издержки на юридическое сопровождение деятельности предприятий. Не менее важным является обмен опытом архитектурно-планировочных решений, что позволяет строить более современное жилье с более высоким качеством и потребительскими свойствами.

Кластерная форма объединения строительных компаний на региональном уровне – это форма развития строительных компаний, повышающая их производительность и уменьшающая себестоимость производимой продукции при одновременном процессе улучшения потребительских свойств строящегося жилья, что позволит компаниям, входящим в данный кластер, противостоять надвигающейся глобальной конкуренции.

Но для того, чтобы кластер возник и стал успешно работающей структурой, необходимо выполнение следующих условий: инициатива со стороны компаний, которые будут входить в него, желание идти инновационным путем развития, желание делиться и впитывать информацию, инвестировать время и финансовые средства в модернизацию и инновацию, быть готовым к интеграции в единое целое

При наличии выше обозначенных условий кластер имеет все шансы стать успешной формой взаимодействия, существования и противостояния глобальной конкуренции малым компаниям строительного сектора региона.

1) Траут, Дж., Райс, Эл. Маркетинговые войны. – СПб: Питер, 2005. – 256 с.

2) Портер, М. Конкурентная стратегия: Методика анализа отраслей и конкурентов – М.: Альпина Бизнес Букс, 2005. – 454 с.

3) Портер, М. Международная конкуренция. – М., 1993

4) Коростин, С.А. Создание отрасли малоэтажного деревянного каркасного домостроения как локомотив развития экономики России: монография – Волгоград: Изд-во ВолГУ, 2007. – 166 с.

Сажнева С.В.
кандидат экономических наук, доцент кафедры управления проектами и инновациями, институт экономики и управления, ФГАОУ ВПО «Северо-Кавказский федеральный университет»
Ковтун А.А.
магистр 2 курса направления «Менеджмент»,
кафедра управления проектами и инновациями, институт экономики и управления, ФГАОУ ВПО «Северо-Кавказский федеральный университет»

ИНТЕЛЛЕКТУАЛЬНЫЕ СЕТИ SMART GRID: КОНЦЕПЦИЯ, НЕОБХОДИМОСТЬ, ОПЫТ ИСПОЛЬЗОВАНИЯ

В настоящее время политика России в области электроэнергетики ориентирована на инновационный путь развития. Энергетическая стратегия России на период до 2030 года определяет одной из стратегических целей создание устойчивой национальной инновационной системы для обеспечения российского топливно-энергетического комплекса высокоэффективными отечественными технологиями и оборудованием, научно-техническими и инновационными решениями в объемах, необходимых для поддержания энергетической безопасности страны. На сегодняшний день, в качестве одного из приоритетнейших направлений научно-технического прогресса в энергетическом секторе по направлению «Электроэнергетика» выделяют: создание высокоинтегрированных интеллектуальных системообразующих и распределительных электрических сетей нового поколения в Единой энергетической системе России (интеллектуальные сети – Smart Grid). Что же такое Smart Grid, в чем заключается их новизна?

Несмотря на возрастающую актуальность данной концепции, отсутствует устоявшаяся точка зрения к понятию Smart Grid. Согласно одному из определений, интеллектуальная энергосистема (Smart Grid) – это новая ступень развития электроэнергетических систем, которая осуществляет в реальном времени мониторинг и управление сетью, коммуникации между потребителями и поставщиками, предоставляя возможность оптимизации потребления, и тем самым обеспечивая новый уровень надежности и экономичности энергоснабжения [1]. С.Ледин даёт определение «интеллектуальной сети как совокупности подключённых к генерирующим источникам и электроустановкам потребителей программно-аппаратных средств, а также информационно-аналитических и управляющих систем, обеспечивающих надёжную и качественную передачу электрической энергии от источника к приёмнику в нужное время и в необходимом количестве» [2].

Исследование показало, что наиболее объемным является определение, в котором под интеллектуальными сетями (Smart Grid) следует понимать систему взаимосвязанных мероприятий по автоматизации сетей, управлению и мониторингу состояния электросетевого оборудования, учета энергоресурсов и взаимодействию всех контрагентов в электроэнергетике, направленных на увеличение экономической эффективности, повышение надежности электроснабжения и сохранение окружающей среды, которые ведутся в целях создания новой энергосистемы.

Использование рассматриваемых технологий имеет ряд конкурентных преимуществ. Основными из них являются:

– местное измерение и мониторинг;

– удаленные измерения и контроль;

– мультиинформационные и управляемые измерения и мониторинг;

– общее улучшение качества электрической энергии;

– минимизация дорогостоящих визуальных осмотров системы;

– автоматический учет времени и параметров работы конкретного оборудования для своевременного проведения профилактических ремонтов;

– снижение потерь электрической энергии, улучшение экологической обстановки, минимизация светового и шумового загрязнения;

– лучший уровень надежности и безопасности;

– быстрая реакция на изменение внешних условий [3].

Концепция Smart Grid способна решить множество проблем, стоящих в настоящее время перед энергетическими компаниями России. Она предполагает несколько путей решения.

Первый – использование интеллектуальных счетчиков (Smart Metering). "Умные счетчики" способны передавать данные о потреблении энергии практически в реальном времени, помогают потребителю принимать обоснованные решения о том, сколько энергии использовать и в какое время суток. В будущем счетчики станут отслеживать потребление энергии каждым домашним устройством и позволят поддерживать определенные правила поведения в часы пиковой нагрузки и в другое время суток. Такой подход даст преимущества не только потребителям, но и энергетическим компаниям, которые повысят эффективность своих процессов (за счет удаленного управления счетчиками) и смогут лучше бороться с кражами электроэнергии (сегодня 10-20 процентов потребленной энергии не оплачивается). Некоторые исследователи/менеджеры сопоставляют понятия «Smart Greed» и «Smart Metering», в связи с этим, большая часть денежных средств уходит именно на приборы учета, однако понятие «Smart Greed» намного обширнее.

Второй – динамическое управление электросетями, которое позволит видеть текущее состояние всех устройств на конкретный момент времени.

Smart Grid позволит подключить к интеллектуальной сети все используемое оборудование, контролировать электрические режимы сетей.

Третий – регулирование спроса, сдвигая его по времени: вместо того, чтобы использовать всю энергию в дневное время, можно запускать устройства в часы минимальной нагрузки (как правило, ночью). Мировые сети электропередач проектируются для удовлетворения пикового спроса, но строительство и эксплуатация избыточных мощностей на случай, если в час пик кому-то понадобится лишний киловатт, обходятся очень дорого.

Четвертый – повышение безопасности: технологии сетевого видеонаблюдения и ограничения доступа позволят непрерывно наблюдать за удаленными ресурсами через Smart Grid. Охранную технику (камеры наблюдения, датчики движения, пропускные системы) интегрируют в единую сеть, которая охраняет объект более эффективно. Особенно это актуально для офисных зданий крупных финансовых организаций, складских помещений. К автоматизированным системам безопасности относятся также популярные пожарные устройства, которые предотвращают возгорания, а также техногенные аварии

Пятый – сокращение расходов, происходящее прежде всего из-за повышения эффективности энергетических компаний [4].

Д. Гуджоян выделяет следующие существенные преимущества интеллектуальных сетей перед традиционными:

– надежность электроснабжения: цифровая информация и автоматизированное управление в Smart Grid обеспечивают надежное электроснабжение с меньшим количеством коротких отключений;

– охрана и безопасность: сети работают в режиме самоконтроля, чтобы обнаружить или обезопасить ситуации, которые могут снижать высокую надежность и безопасность их эксплуатации.

– энергоэффективность: Smart Grid являются более эффективными сетями, обеспечивая уменьшение общего потребления электроэнергии, снижение пикового спроса и потерь электроэнергии;

– сохранение окружающей среды: использование интеллектуальных сетей помогает сократить выбросы парниковых газов и других загрязняющих веществ за счет уменьшения выбросов от неэффективных источников энергии, поддерживает возобновляемые источники энергии. Кроме того, интегрирование в систему электрических транспортных средств (или иных устройств с емкими аккумуляторами) позволяет реализовать функцию «хранения» электрической энергии в сети для покрытия пиковых нагрузок;

– экономическая эффективность: рассматриваемая концепция предоставляют прямые экономические выгоды. Клиенты, имея информацию о стоимости энергетических ресурсов, имеют ценовой выбор и на основе полученной информации способны принимать решения об уменьшении или исключении лишних расходов [3].

Технология Smart Grid начала активно применяться в России в 2009 году, её реализацией занимается ОАО «Холдинг МРСК», где внимательно присматриваются к мировому опыту интеллектуализации систем передачи и распределения электроэнергии, превращая метод бенчмаркинга из инструмента абстрактного сравнительного анализа в методологию гармоничной интеграции всего нового и передового в распределительный электросетевой комплекс по пилотному принципу – на локальных участках сети с перспективой трансляции и тиражирования по всей Группе компаний при условии появления ожидаемого эффекта.

Также в условиях масштабной модернизации электросетевого комплекса в целях создания качественно новой энергосистемы Председателем Правления ОАО «Федеральная сетевая компания Единой энергетической системы» (ОАО «ФСК ЕЭС») и Президентом Фонда «Сколково» было подписано Соглашение о сотрудничестве в целях создания энергокластера на основе концепции Smart Grid. В рамках Соглашения для организации работы интеллектуальной электрической сети в Сколково будет создан Единый диспетчерский центр, оснащенный всеми необходимыми системами для непрерывного мониторинга технического состояния всех элементов системы энергоснабжения в реальном времени. Реализация предложенного ОАО «ФСК ЕЭС» решения позволит внедрить на территории инноцентра «Сколково» систему интеллектуального освещения, благодаря которой станет возможным переключение между различными источниками питания и управление временем включения и отключения электроэнергии, а также создать сеть из 45 зарядных станций электромобилей и необходимую для нее инфраструктуру. Проект также предусматривает установку на крышах зданий солнечных батарей общей мощностью 650 кВт и внедрение системы хранения электроэнергии, функционирующей на базе мощных аккумуляторов. Завершить данный проект планируется к 2016 году [5].

Одно из направлений Smart Grid – Smart City, или «умный город». В число городов мира, где реализуется проект «умный город», попал и российский Белгород – среднестатистический город центра России с населением около 350 тыс. человек, динамично развивающейся экономикой и постоянно растущим уровнем энергопотребления. Инициатором внедрения проекта стали администрация Белгородской области, ОЛО «Холдинг МРСК» и ОАО «МРСК центра», а в 2011 году проект получил статус международного. В рамках этого проекта оформлено энергетическое побратимство Белгорода, где стартовал «Умный город», и Сан-Диего (Калифорния, США). Параметры этого сотрудничества закреплены в Меморандуме о взаимопонимании между ОАО «МРСК Центра», компанией San Diego Gas & Elektrik, правительством Белгородской области и мэрией Сан-Диего.

В апреле 2012 года делегация ОАО «МРСК Центра» посетила с рабочим визитом Сан-Диего. Состоявшиеся переговоры главным образом были посвящены развитию пилотной версии проекта Smart Grid, которая может объединить два города единой технологией интеллектуальной микросети, построенной на основе научных достижений России и США в областях энергоэффективности и энергосбережения [3].

В некоторых распределительных сетях Белгорода установлены устройства, помогающие с большой точность определить, в каком месте произошел разрыв проводов, и отключить только небольшое количество потребителей электроэнергии. В городе действует "умное освещение", позволяющее контролировать энергопотребление, состояние сетей, число работающих ламп и поэтапно управлять уличным освещением в зависимости от условий видимости и количества людей на улице [6].

Кроме того, в рамках проектов «Умных городов» находят широкое применение технологии «Умного дома/офиса», в рамках которой специалисты обозначают два ключевых понятия самого "думающего" объекта недвижимости. Первый - это так называемые интеллектуальные здания, второй – собственно «умный дом». Их отличие в том, что термин «интеллектуальные здания» на языке профессионалов чаще употребляется в отношении коммерческой недвижимости, в то время как под словосочетанием «умный дом» имеются в виду жилые постройки.

Системы «интеллектуальных зданий» в коммерческой недвижимости, ориентированы на управление коммуникациями (вентиляция, отопление). Экономия электроэнергии и тепла в «интеллектуальном здании» может оказаться ощутимой за счет внедрения элементарных электронных систем, например, простых датчиков движения (свет будет гореть не круглые сутки, а лишь тогда, когда в помещении появится человек). Много электроэнергии позволяет сэкономить автоматизация внешнего освещения – по команде электроники лампы могут загораться строго в то время, когда на улице стемнеет, а с рассветом освещение само выключается. Или можно настроить систему отопления таким образом, чтобы она понижала интенсивность по окончанию рабочего дня, а перед его началом включалась на полную мощность, чтобы к приходу сотрудников прогреть помещения.

Система «умного дома» в отличие от «интеллектуальных зданий» имеет другую специфику. К самым распространенным сегодня на рынке компонентам «умного дома» относят системы «умного света». Даже в недорогих квартирах люди начинают устанавливать датчики движения, которые, реагируя на присутствие человека, включают или выключают свет автоматически.

Другой востребованный тип автоматики в жилых домах – системы автоматического климат-контроля. Владелец задает в доме нужную температуру, а электроника подстраивает под нее работу отопления или кондиционера. Наряду с этим все большее распространение в домах получают автоматические электроприводы, которые раздвигают шторы, когда за окном светло, или открывают ворота гаража при подъезде автомобиля.

Активно распространяются в последнее время и системы «мультирум»: вся развлекательная информация (музыка, фото, фильмы) хранится на одном сервере, а в каждой комнате есть пульт управления, нажав на который можно вывести на экран или на акустическую систему любимый фильм либо музыкальную композицию. В результате дом не загромождается лишней техникой.

Для загородных домов увеличивается спрос на систему «умного сада», которая сама при необходимости польёт газон или включит освещение [7].

Таким образом, применение интеллектуальных сетей в России перспективно и востребованно, они являются закономерным этапом развития социально-экономических отношений. «Умные сети» – закономерный этап развития социально-экономических отношений, воплощённый в технологическую концепцию. Эта концепция должна эффективно удовлетворять динамично изменяющимся требованиям потребителей без ущерба для экономики, надежности и качества предоставляемых услуг.

Источники:

1. Новости Минэнерго России. При поддержке Минэнерго РФ дан старт новому этапу российско-американского проекта в области развития интеллектуальных энергосистем Smart Grid [Электронный ресурс]: Министерство энергетики Российской федерации. – Режим доступа URL: http://minenergo.gov.ru/press/min_news/11450.html?sphrase_id=292085.

2. Ледин, С. «Интеллектуальные сети Smart Grid – будущее российской энергетики» [Электронный ресурс] / С. Ледин // ИТФ «Системы и технологии». – Режим доступа URL: http://www.sicon.ru/about/articles/?base=&news=16.

3. Гуджоян, Д. «Интеллектуальная сеть – от концепции до реализации» [Электронный ресурс] / Д. Гуджоян // ТЭК. Информационно-аналитический журнал. – Режим доступа URL: http://tek-russia.ru/issue/articles/articles_264.html.

4. Палладин, А. «Инфраструктура Smart Grid перенесет мировые сети электропередач из XIX в XXI век» [Электронный ресурс] / А.Палладин // НП Содействие. – Режим доступа URL: http://www.npsod.ru/rus2/analitics/document4099.phtml.

5. Новости Минэнерго России. Федеральная сетевая компания к 2016 году создаст в иннограде Сколково интеллектуальную систему энергоснабжения [Электронный ресурс]: Министерство энергетики

Российской федерации. – Режим доступа URL: http://minenergo.gov.ru/press/company_news/14127.html?sphrase_id=292085/.

6. Калышева, Е. «Электросети поумнеют» [Электронный ресурс] / Е.Калышева // Российская газета. – Режим доступа URL: http://www.rg.ru/2010/06/01/elektroenergia.html.

7. Грамматиков, А. «Дом себе на уме» [Электронный ресурс] / А.Грамматиков // Эксперт. – Режим доступа URL: http://expert.ru/expert/2007/11/dom_sebe_na_ume/.

О.А. Авдеева
доктор юридических наук,
профессор кафедры государственно-правовых дисциплин
Сибирская академия права экономики и управления, г. Иркутск,
Россия

АКТУАЛЬНЫЕ ВОПРОСЫ ГОСУДАРСТВЕННО-ПРАВОВОГО СТРОИТЕЛЬСТВА В РФ

В свете происходящих в России государственно-правовых реформ определение оптимальной модели государственно-правового устройства признано актуальной проблемой развития отечественной государственности. Качественно новые тенденции в государственно-правовом строительстве наметились с принятием Конституции Российской Федерации 1993 г. Подчеркивая многонациональность народа Российской Федерации, Конституция 1993 г. закрепляет принципы равноправия и самоопределения народов, определяет в качестве первостепенной задачи сохранение гражданского мира, согласия и исторически сложившегося единства. С учетом целенаправленной государственной и административной автономизации статуса субъектов Конституция РФ в целях обеспечения государственной целостности устанавливает единство системы органов государственной власти, осуществляет разграничение предметов ведения и полномочий между федеральными органами государственной власти и органами государственной власти субъектов Российской Федерации.

Однако практика реализации основных положений Конституции Российской Федерации вскрыла существенные противоречия и недостатки. Актуальные вопросы современного российского государственного устройства получили всесторонний анализ в научных публикациях М.В. Глинич-Золотаревой, Н.М. Добрынина, И.А. Конюховой, И.В. Левакина, Т.Я. Хабриевой и др.[1,14-21;1,85-89;1,89-92;1,37-45;1,5-12;1,5-13]. По мнению государствоведов разграничение в Конституции РФ в качестве субъектов федерации административно-территориальных, государственных и национальных автономных образований закономерно обозначило проблему, связанную с определением принципов территориальной организации власти и созданием субъектов государства. Правовые коллизии наметились в регламентации Конституцией РФ оснований разграничения предметов ведения между Федерацией и субъектами, образующими состав государства.

Одной из ключевых проблем в организации эффективно функционирующей государственной власти является законодательная регламентация правового статуса образованных в составе Российской Федерации субъектов. Устанавливая равноправие субъектов Российской

Федерации, равенство прав субъектов во взаимоотношениях с федеральными органами государственной власти, Конституция РФ в тоже время подчеркивает асимметричность федеративного устройства и различие конституционно-правового статуса образующих состав федерации субъектов. Закрепляя статус республики в составе Российской Федерации как государства, Конституция РФ обусловливает тенденцию к «децентрализованному федерализму» и конфедератизации государства.

В качестве насущной проблемы на современном этапе развития российского федерализма государствоведы признают обеспечение государственной целостности в условиях нарастающих сепаратистских тенденций, проявляющихся как в создаваемых общественно-политических течениях, так и в региональном законодательстве[2,8-11]. Тактика опережающего, экспансивного и противоречивого по сравнению с федеральным законодательным процессом регионального правотворчества актуализировала деятельность по приведению Конституций, Уставов и иных нормативно-правовых актов субъектов Федерации в соответствие с Конституцией РФ и федеральным законодательством.

Проблемы, вскрытые в ходе реализации основных положений Конституции РФ, предопределили новый этап конституционной реформы, направленной на разработку эффективного механизма в сфере реализации публичной власти в пределах государства, взаимодействия национально-территориального и административно-территориального принципов организации субъектов государства, разграничения предметов ведения на государственном и региональном уровнях, соотношения органов законодательной, исполнительной и судебной власти, организации органов местного самоуправления.

В настоящее время в процессе решения вопросов государственного строительства Российской Федерации обозначились две противоположные тенденции. С одной стороны, активно разрабатывается модель оптимизации федеративного устройства России, с другой стороны, используя негативный опыт национального федерализма Союза ССР и РСФСР, набирает силу политическое направление, отстаивающее превосходство унитарного государственного устройства. Так, по мнению А.С. Пиголкина, в современном мире наблюдается кризис федеративных начал, основанных на национальном принципе, и ярко проявляется стремление к дифференциации общественной жизни, выраженное в национализме и сепаратизме. В этой связи закономерно возникает вопрос о целесообразности централизации государственной власти и поэтапной территориальной реорганизации государственного устройства, направленной на переход от федеративного к унитарному государственному устройству[3,92].

В противовес концепции унитаризации государственного устройства А.С. Автономов подчеркивает особую значимость для государственного развития современной России федеративных отношений. В обоснование сохранения федеративных начал приводится кризис унитарного государственного устройства России, наметившийся в XIX - начале XX вв. Национальная федерация рассматривается как единственно возможный путь государственного строительства на современном этапе с учетом обширности территории государства, многонациональности народа, разнообразия условий жизни и экономической деятельности населения. Отметив «недостаточную оформленность федерации», приверженцы федеративных начал государственно-правового строительства России отстаивают необходимость совершенствования российского федерализма и значительный акцент ставят на анализе научной теории и позитивной международной практики федерализма, демонстрирующих целесообразность преобразования территориальной структуры государственной власти с учетом регионального фактора и установления симметричности конституционного статуса субъектов.

Территориальная реструктуризация государственной власти, основанная на региональном факторе, предусматривает приоритет сложившихся социально-экономических связей и предполагает разграничение государства на несколько крупных федеральных округов, на территории которых происходит выделение экономических регионов, в административно-территориальных границах которых образуются равноправные субъекты, представляющие собой моно- или многонациональные сообщества, объединяющие национально-территориальные образования, и имеющие историко-географическое название. По мнению Л.М. Карапетяна в целях оптимизации территориальной организации власти в Российской Федерации необходимо по принципу «вертикали власти» провести укрупнение субъектов, уменьшить число субъектов до трех десятков и установить взаимосвязанную трехзвенную систему управления: федеральный центр – субъекты Федерации (регионы) – местное самоуправление. Решение проблемы, связанной с «компактно проживающими нациями и народностями», представляется возможным посредством развития национально-культурной автономии, создаваемой в рамках административно-территориального деления. Национально-культурная автономия рассматривается как форма самоорганизации наций и народностей, реализуемая в системе местного самоуправления.

Активное осмысление в научных кругах путей оптимизации государственного устройства Российской Федерации предопределило разработку качественно нового подхода, предусматривающего модификацию федерализма исходя из складывающейся в мировой практике глобализации, в частности признания субъектом государства «экономически самодостаточных образований», сочетания в государственно-правовом строительстве процессов укрупнения и разукрупнения, развития системы отношений между государством и его субъектами по принципу «демократии-согласования», реализации концепций субсидиарности и пропорциональности в отношении центра, регионов и муниципалитетов.

В процессе научной разработки концепции государственно-правового строительства конституционная модель российского федерализма претерпела ряд законодательных новеллизаций. В результате активной правотворческой деятельности были приняты ряд законодательных актов, конкретизирующих конституционно-правовое регулирование территориальной организации государственной власти. К числу новых форм регламентации федеративных отношений следует отнести федеральные законы, регулирующие принципы и порядок разграничения предметов ведения между органами государственной власти Российской Федерации и органами государственной власти субъектов Российской Федерации, общие принципы организации законодательных (представительных) и исполнительных органов государственной власти субъектов, образующих состав государства. Разработка федерального законодательства по регулированию федеративных отношений в Российской Федерации, безусловно, содействует решению вышеобозначенных проблем государственно-правового строительства.

Список литературы

1. Глигич-Золотарева М.В. Субъектный состав Российской Федерации: эпоха перемен уже наступила // Государство и право. 2006. № 10. С. 14-21; Добрынин Н.М. Российский федерализм: проблемы и перспективы // Государство и право. 2003. № 11. С. 85-89; К вопросу о разграничении предметов совместного ведения Российской Федерации и ее субъектов // Государство и право. 2004. № 5. С. 89-92; Конюхова И.А. Структура Российской федерации: современное состояние и перспективы совершенствования // Государство и право. 2007. № 2. С. 37-45; Левакин И.В. Современная российская государственность: проблемы переходного периода // Государство и право. 2003. № 1. С. 5-12; Хабриева Т.Я. Российская конституция и эволюция федеративных отношений // Государство и право. 2004. № 8. С. 5-13.
2. Чиркин В.Е., Васильева Т.А., Глигич-Золотарева М.В., Лебедев А.Н., Шульженко Ю.Л. Глобализация и право // Государство и право. 2007. № 7. С. 8-11.
3. Российская Федерация и ее субъекты: проблема укрепления государственности // Государство и право. 2001. № 7. С. 92.

Кручинин С.В.

преподаватель, к.ф.н., доцент, Ноябрьского института нефти и газа (филиал) «Тюменского Государственного нефтегазового университета» в г. Ноябрьске

Багрова Е.В.

преподаватель, к.ф.н., доцент, ГБОУ СПО «Ноябрьский колледж профессиональных и информационных технологий». Г. Ноябрьск. ЯНАО

СУРРОГАТНОЕ МАТЕРИНСТВО: ПРОБЛЕМЫ ДОГОВОРНОГО РЕГУЛИРОВАНИЯ

Актуальность данной темы обусловлена тем, что в настоящее время суррогатное материнство и его договорное обеспечение представляется недостаточно урегулированным на законодательном уровне.

В целом современная демографическая ситуация в Российской Федерации в значительной степени обусловлена социально-экономическими процессами, происходившими в XX веке.

Разработка медициной репродуктивных технологий, к числу которых относится применение суррогатного (замещающего) материнства, стало огромным прорывом в современной науке. Благодаря тому, что эти технологии являются доступными если не для всех, то для многих бесплодных пар, а также для женщин, страдающих различными заболеваниями, не позволяющими им иметь детей, уже имеется немало случаев обретения ими столь желанного материнства. С этой точки зрения, искусственное оплодотворение, а в его рамках суррогатное материнство являются благом для человечества.

Само содержание этой технологии объективно разделило общество на защитников и противников такого медицинского вмешательства, и равнодушных здесь, как правило, нет.

В самом деле, как быть с религиозными воззрениями разных людей, с рождающейся любовью матери к ребенку, которого она должна отдать чужим людям, с трагедией для этих людей неосуществленного материнства. Немало вопросов вызывает правовое положение ребенка, рожденного суррогатной матерью, правовое положение самой этой матери, выплачиваемое ей вознаграждение и многое другое. Чрезвычайная сложность этой проблематики налицо, и простых решений здесь быть не может слишком много этических и нравственных вопросов связано с суррогатным материнством.

Кроме того, институт суррогатного материнства в Российской Федерации имеет ряд правовых пробелов, в отношении которых назрела необходимость их законодательного закрепления.

До сих пор в России не существует специальных нормативных правовых актов, регулирующих правоотношения, возникающие между сторонами договора суррогатного материнства, за исключением положений п. 4 ст. 51 Семейного кодекса РФ[1], устанавливающих порядок записи родителей ребенка, рожденного с помощью метода искусственного оплодотворения, или давших свое согласие на имплантацию эмбриона другой женщине в целях его вынашивания.

В случае использования метода искусственного оплодотворения между генетическими родителями и женщиной, которая согласилась выносить и родить ребенка, заключается договор в письменной форме. В договоре должен устанавливаться круг, участвующих в его исполнении, а также должны оговариваться необходимые условия, права и обязанности сторон и ответственность их невыполнения.

Однако, заключение, исполнение и какие-либо правоотношения, возникающие по данному договору в законодательстве не определены, что вызывает большое количество сложностей и вопросов, связанных с нормативной основой правового регулирования данного договора о суррогатном материнстве, его правовой природы, содержания указанного договора и его особенностей, места договора о суррогатном материнстве в системе гражданско-правовых договоров, механизма его реализации и др.

Только с принятием Федерального закона от 21.11.2011 г. № 323-ФЗ «Об основах охраны здоровья граждан в Российской Федерации»[2] (далее – Закон об охране здоровья) были закреплены понятия «суррогатная мать» и «суррогатное материнство», обозначены признаки, характеризующие суррогатное материнство как один из методов вспомогательных репродуктивных технологий, разрешен вопрос о реализации репродуктивных прав не состоящими в зарегистрированном браке женщиной и мужчиной, а также незамужней женщиной.

Но, по-прежнему, несмотря на принятие нового Закона об охране здоровья, далеко не все правовые вопросы, возникающие в данной сфере, урегулированы законодательством и существует острая необходимость в принятии отдельного комплексного закона о вспомогательных репродуктивных технологиях (ВТР).

Проведенное нами исследование позволяет сделать ряд выводов, касающихся правового регулирования такого института, как «суррогатное материнство»; в частности, относительно договора о суррогатном материнстве: его природы, участников, заключения, исполнения и ответственности по договору, а также уровня правового регулирования и необходимости внесения изменений в действующее законодательство.

Несмотря на принятие нового Федерального закона от 21.11.2011 г. № 323-ФЗ «Об основах охраны здоровья граждан в Российской Федерации»[2] (далее – Закон об охране здоровья), которым были закреплены ключевые термины «суррогатное материнство» и «суррогатная мать», в Семейном кодексе Российской Федерации до сих пор так и не дается вышеуказанных определений, что еще раз говорит о низком правовом регулировании института суррогатного материнства в России.

В России суррогатному материнству посвящены лишь ст. 51, 52 Семейного кодекса[1], ст. 16 Федерального закона «Об актах гражданского состояния» от 15 ноября 1997 г. № 143-ФЗ[/////]и приказ Минздрава РФ от 26 февраля 2003 г. № 67 «О применении вспомогательных репродуктивных технологий (В РТ) в терапии женского и мужского бесплодия»[4]. А также отдельная ст. 55 Федерального закона от 21.11.2011 № 323-ФЗ «Об основах охраны здоровья граждан в Российской Федерации».[2]

Впервые ФЗ «Об охране здоровья» было закреплено требование обязательного заключения договора между родителями - «заказчиками» программы суррогатного материнства и суррогатной матерью.

Соответственно, можно сделать вывод, что договор о суррогатном материнстве может быть, как возмездного, так и безвозмездного характера.

Исходя из природы договора суррогатного материнства, мы можем сделать вывод, что данный договор является алеаторным: даже наступление беременности не гарантирует ее успешное завершение рождением здорового ребенка без вреда для здоровья вынашивающей женщины, и нет никакой гарантии, что такая же ситуация не сложилась бы, если бы ребенка вынашивала какая-либо другая женщина.

Говоря об ответственности по договору о суррогатном материнстве, для защиты прав и законных интересов ребенка и суррогатной матери необходимо установить в законе запрет на расторжение договора суррогатного материнства (как в случае нарушения, так и добросовестного исполнения договора суррогатной матерью) по инициативе супругов-заказчиков после наступления беременности суррогатной матери. Супруги должны четко представлять последствия своих действий перед заключением договора. Этот запрет снизит риск легкомысленного отношения к заключению договора суррогатного материнства со стороны супругов-заказчиков.

Исходя из этих же соображений, в законе следует установить также запрет на отказ супругов-заказчиков от записи их родителями ребенка, рожденного суррогатной матерью.

Суррогатная мать после передачи ребенка его родителям теряет все права на данного ребенка.

Отказ же супругов-заказчиков от записи их в качестве родителей рожденного по договору суррогатного материнства ребенка должен влечь выплату суррогатной матери компенсации в размере и порядке, установленном договором.

В связи с этим, представляется целесообразным статью 49 СК РФ дополнить пунктом 2 и изложить его в следующей редакции: «В случае отказа лиц, давших свое согласие в письменной форме на имплантацию эмбриона суррогатной матери в целях его вынашивания (пункт 4 статьи 51 настоящего Кодекса), принять ребенка после его рождения при наличии согласия суррогатной матери на запись их родителями ребенка, происхождение ребенка от данных лиц (материнств или отцовство) устанавливается в судебном порядке по заявлению суррогатной матери».

Семейный кодекс РФ оставляет право приоритета в решении будущего ребенка за суррогатной матерью.

Считаем необходимым закрепить положение, согласно которому, суррогатной матери следует дважды давать согласие: на участие в программе «Суррогатное материнство» (при подписании договора о суррогатном материнстве) и отдельное согласие на государственную регистрацию рождения ребенка уполномоченными родителями. Оба согласия необходимо оформить при заключении договора о суррогатном материнстве и нотариально удостоверить. Согласие суррогатной матери на запись уполномоченных родителей в книге рождений родителями ребенка оформляется отдельно от договора.

Видим целесообразным внести следующие изменения в действующее законодательство, касающиеся государственной регистрации рождения ребенка. В п. 4 ст. 51 Семейного кодекса РФ добавить, что лица, состоящие в браке и давшие свое согласие в письменной форме на применение метода искусственного оплодотворения или на имплантацию эмбриона (уполномоченные родители), в случае рождения у них ребенка в результате применения этих методов записываются его родителями в книге записей рождений с предварительного согласия суррогатной матери. А также предусмотреть, что согласие суррогатной матери на участие в программе «Суррогатное материнство» и на государственную регистрацию рождения ребенка уполномоченными родителями необходимо дать при заключении договора о суррогатном материнстве с последующим их нотариальным удостоверением.

Также, необходимо внести изменения в ст. 14 Закона «Об актах гражданского состояния», которую следует дополнить следующим пунктом: «Основанием для государственной регистрации рождения являются также: документ установленной формы о рождении ребенка от суррогатной матери, выданный медицинской организацией, в которой происходили роды, либо документ установленной формы о рождении ребенка от суррогатной матери, выданный медицинской организацией, врач которой оказывал медицинскую помощь; а также согласие суррогатной матери на государственную регистрацию рождения ребенка уполномоченными родителями».

Предложенный вариант изменений направлен на упрощение процедуры регистрации ребенка, рожденного суррогатной матерью, а также на правовую регламентацию данного процесса.

Считаем необходимым внесение и других изменений в действующее семейное и гражданское законодательство.

Подводя итоги, видим целесообразным разработать типовую форму договора, заключаемого медицинским центром с суррогатной матерью и заказчиками, и утвердить ее в установленном порядке в Министерстве здравоохранения Российской Федерации.

Законодателем не решена проблема, возникающая при реализации прав участников отношений суррогатного материнства, установления происхождения ребенка в случае наступления таких событий, как смерть генетического отца в течение беременности суррогатной матери или развод лиц, давших письменное согласие на имплантацию ей эмбриона.

Также, например, не решен вопрос о правовых последствиях ошибки врачей при применении методов искусственного оплодотворения.

Итак, можно сделать вывод, что в настоящее время отношения в сфере суррогатного материнства урегулированы лишь частично. В связи с этим видится необходимой разработка, с учетом современных достижений науки и международного опыта, специального комплексного Федерального закона «О вспомогательных репродуктивных технологиях в РФ», который будет содержать раздел «Суррогатное материнство», а раздел – отдельную главу «Договор о суррогатном материнстве».

Существования подобного документа позволит в некоторой степени устранить пробелы в законодательстве и решить вопросы, касающиеся применения данного способа вспомогательных репродуктивных технологий. При этом основной целью данного закона должно быть достижение той степени проработанности и детализации, которые помогли бы полностью защищать ребенка и гарантировать его права.

Договоры о суррогатном материнстве между гражданами разных государств уже встречаются в практике. Как следствие возникают и коллизии, причем, ответы на них невозможно найти в рамках существующего законодательного регулирования одной страны. Поэтому, представляется необходимой разработка международно-правового документа, который бы регламентировал вопросы, связанные с суррогатным материнством. Причем не только медицинскую, но и правовую сторону проблемы.

Литература
Нормативные акты:

1. Конституция Российской Федерации (принята всенародным голосованием 12.12.1993) (с учетом поправок, внесенных Законами РФ о поправках к Конституции РФ от 30.12.2008 N 6-ФКЗ, от 30.12.2008 N 7-ФКЗ) // Собрание законодательства Российской Федерации. -2009. - N 4. – Ст. 445.

2.	Об актах гражданского состояния: федер. закон Рос. Федерации от 15.11.1997 N 143-ФЗ (ред. от 28.07.2012) // Собрание законодательства РФ.- 1997. - N 47. - Ст. 5340.

3.	Об основах охраны здоровья граждан в Российской Федерации: федер. закон Рос. Федерации от 21 ноября 2011 г. № 323-ФЗ (в ред. от 25.06.2012 № 93-ФЗ) // 2011. -23 ноября.

4.	Семейный кодекс Российской Федерации: федер. закон Рос. Федерации от 29.12.1995 N 223-ФЗ (в ред. от 30.11.2011 N 351-ФЗ) // Собрание законодательства Российской Федерации. – 1996.- N 1.- Ст. 16.

5.	О трансплантации органов и других анатомических материалов человека: закон Украины от 16.07.1999 № 1007-XIV (в ред. от 19.10.2010 № 41) // Официальный вестник Украины. – 1999. - № 32. – ст. 20.

www.ingramcontent.com/pod-product-compliance
Lightning Source LLC
Chambersburg PA
CBHW051453170526
45166CB00001B/231